大数据背景下
数据挖掘技术与应用

段丽华 ◎ 著

吉林出版集团股份有限公司

图书在版编目（CIP）数据

大数据背景下数据挖掘技术与应用 / 段丽华著. -- 长春 : 吉林出版集团股份有限公司, 2024.6
ISBN 978-7-5731-5053-0

Ⅰ. ①大… Ⅱ. ①段… Ⅲ. ①数据采掘 Ⅳ. ①TP311.131

中国国家版本馆 CIP 数据核字（2024）第 104657 号

大数据背景下数据挖掘技术与应用
DASHUJU BEIJING XIA SHUJU WAJUE JISHU YU YINGYONG

著　　者　段丽华
出版策划　崔文辉
责任编辑　王诗剑
封面设计　文　一
出　　版　吉林出版集团股份有限公司
　　　　　（长春市福祉大路 5788 号，邮政编码：130118）
发　　行　吉林出版集团译文图书经营有限公司
　　　　　（http：//shop34896900.taobao.com）
电　　话　总编办：0431-81629909　营销部：0431-81629880/81629900
印　　刷　廊坊市广阳区九洲印刷厂
开　　本　710mm×1000mm　1/16
字　　数　210 千字
印　　张　13
版　　次　2024 年 6 月第 1 版
印　　次　2024 年 6 月第 1 次印刷
书　　号　ISBN 978-7-5731-5053-0
定　　价　78.00 元

如发现印装质量问题，影响阅读，请与印刷厂联系调换。电话 0316-2803040

前　言

在信息化、数字化进程日益加速的今天，我们生活在一个充满数据的世界。大数据这一概念的兴起，不仅仅是对数据量的重新定义，更是对数据价值的一种全新解读。在大数据的背景下，数据挖掘技术应运而生，成为了企业和组织从海量数据中提取有价值信息、洞察市场趋势、优化决策过程的关键工具。

数据挖掘，作为一种深度分析技术，其目的在于能够从大量、复杂、无序的数据中，通过运用算法和模型，发现隐藏的模式、关联和趋势。在大数据的时代，数据挖掘技术的应用范围愈发广泛，无论是市场营销、金融服务，还是医疗保健、社交媒体，都能看到其身影。通过数据挖掘，企业可以精准地理解消费者需求，制定个性化的营销策略；金融机构可以识别风险、预防欺诈；医疗机构可以优化治疗方案，提高治疗效果。然而，大数据背景下的数据挖掘技术也面临着诸多挑战。数据的海量性、多样性、快速性等特点，使得传统的数据挖掘方法难以应对。因此，我们需要不断探索和创新，可以研究出更加高效、准确的数据挖掘算法和技术，以适应大数据时代的发展需求。

本书从数据挖掘概述入手，不仅介绍了大数据时代的理解、大数据应用的模式和价值，而且还接着详细分析了数据挖掘技巧、大数据挖掘模型，并重点探讨了大数据技术在全社会医疗健康资源配置的优化、大数据时代下的城市交通以及数据挖掘在水政执法中的应用等。

本书在撰写过程中参考了大量文献资料，吸取了许多老师的宝贵经验，在此一一表示感谢。但因为时间与精力有限，虽在撰写中力求完美，也难免存在疏漏与不足之处，还请专家学者与广大读者批评指正，以使本书更加完善。

目 录

第一章　数据挖掘概述

数据挖掘（data mining）是一种高层次上的主动式自动发现方法，又称为知识发现，是从数据中提取正确的、有用的、未知的和综合的信息并用于决策过程。数据挖掘的思想起源于统计学，是统计学、数据库技术和人工智能技术等理论和技术的综合，数据挖掘的发展得益于高性能（并行）计算技术和分布式技术在处理海量数据集方面的优秀表现。

数据挖掘并不是装在软件包装盒中的工具，可以简单地买到并运行在商业智能环境中，也不会自动产生值得注意的商业规律。数据挖掘提取的信息大多是正确的，在统计学上是重要的以支持有依据的决定。意味着确证性和完整性。不但需要从数据库中得到正确的对象，还希望能够得到所有正确的对象。这就要求原始数据和数据挖掘过程都具有正确性。数据挖掘过程可能会传递正确的和重要的结果，但是这些知识必须是有用的、未知的，具有区分验证和探索的性质。

第一节　数据挖掘理论

一、数据挖掘的定义

数据挖掘定义有广义和狭义之分。广义的观点认为，数据挖掘是从大型数据集（可能是不完全的、有噪声的、不确定性的、各种存储形式的）中，来挖掘隐含的、人们事先不知道的、对决策有用的知识的过程。从狭义的观点来看，数据挖掘是从特定形式的数据集中提炼知识的过程。

数据挖掘技术是人们长期研究和开发数据库技术的结果，是一种高层次的主动式自动发现方法，它将人们对数据的应用从低层次的简单查询操作，提升为能够从数据中提取正确的、有用的、未知的和综合的信息并用于决策、预测等高级应用。它与传统的数据分析不同，是在没有明确假设的前提下挖掘信息和发现知识的，所以挖掘所得到的信息和知识是预先未曾预料到的，不能靠直觉发现甚至是违背直觉的。往往挖掘出的信息越是出乎意料，就越有效，越有实用性。

二、数据挖掘的功能

数据挖掘的目标是为了从数据库中发现隐含的、有意义的知识，一般而言，数据挖掘任务分为描述和预测两类。前者是刻画数据库中数据的一般特性，进而描述在数据中存在的联系的模式，是抓取数据的主要特征加以归纳总结，是静态的；后者则是在已分类的数据中的学习模型，然后将该模型用于新的未分类数据，并预测新数据的某种行为，是通过学习，将当前学到的知识推广到未来，是动态的，也是一种更为高级的知识提取形式。数据挖掘通过预测未来趋势及行为，做出前摄的、基于知识的决策，它的功能主要有以下 5 种。

（1）概念描述

是指综合概括数据库中某类数据的有关特征，并用精确简洁的方式描述这类数据的内涵，为其应用提供直观性、实用性。概念描述分为两种，第一种是特征性描述，主要描述某类数据的共同特性或特征；第二种是区别性描述，将某类数据的特性与其他对比类数据的特性进行比较，给出概要性总结，描述不同种类数据之间的区别。生成区别性描述的方法很多，如决策树方法、遗传算法等。概念描述中被分析的数据，往往可以通过简单的数据库查询获得。

（2）关联分析

关联分析又称为关联规则，是从给定数据项中发现频繁出现的模式知识。通过关联分析，能表述并反映研究数据和其他数据之间的依赖关系或关联，还可以找到其中隐藏的关联网。关联分为简单关联、因果关联和时序关联 3 种类型。如果两个数据或多个数据的属性之间存在某种规律，那么所研究数据的属性值就可以依据其他数据的属性值预测。由于有时数据的关联函数是不确定甚至是不知道的，所以关联分析生产的规则带有可信度。关联分析广泛应用于事务分析和市场营销等应用领域。

（3）分类和聚类

分类是找出描述同类数据共同特性并区分不同数据之间差异特征的模型，以便能够使用模型预测未知记录的类标号，或区分不同类中的对象。

构造分类模型的方法很多，最典型的是基于决策树的分类方法，还有支持向量机方法、前馈神经网络方法和贝叶斯分类法等。

聚类就是将物理或抽象对象的集合，能够根据一定的规则划分为一系列有意义的由相似对象组成的多个类的过程。聚类分析则是根据对象间关联的量度标准将对象分组成多个簇，使得在同一簇中的对象具有较强的相似性，而位于不同簇中的对象差别较大的一种方法。簇内相似性越大，簇间差别越大，聚类就越好。聚类分析是一种重要的人类行为，不仅增强了人们对客观现实的认识，而且还是概念描述和偏差分析的先决条件。当挖掘领域知识不完整甚至缺乏数据对象时，通过聚类分析，可以不受人们先验知识的干扰和约束，自动地将无标识数据对象分组成不同的簇，观察每个簇的特点，集中分析特定的某些簇，从而获取了属于数据集合中原本存在的信息。常用的聚类分析方法包括分解法、系统聚类法、动态聚类法、加入法等，聚类分析已经广泛应用于数据分析、模式识别、市场研究等领域。

（4）偏差检测

数据库中常常会出现和存在一些异常的数据对象，它们与数据的一般行为或模型不一致，这些数据对象称为偏差。大部分数据挖掘方法将这些数据对象视为噪声或异常而丢弃，但实际上偏差包涵很多潜在的隐藏知识，检测这些偏差很有意义，例如通过偏差检测发现银行卡的欺诈行为。偏差检测把识别异常数据记录作为重要的挖掘任务，如观测结果与模型预测值的偏差、分类中的反常实例、由时间变化而产生的量值差、不满足规则的特例等。通过偏差检测，寻找观测结果与参照值之间有意义的差别，发现存在的异常情况，从而引起人们的注意，可以大幅度减少风险。

（5）自动预测趋势和行为

预测型知识指根据时间序列型数据，由历史和当前的数据去推测未来的数据，但是实质上是在训练集建模的过程中，将输入的历史以及当前数据分类，建立输入和输出间隐含的对应关系，也可以认为它是以时间为关键属性的关联知识。以往需要大量手工分析的问题，能够通过数据挖掘，自动在大型数据库中寻找可利用、可预测的信息，从而准确快速地得出预测结论。例如电信市场预测问题，使用过去有关固话、业务收入、在网用户数量等数据，数据挖掘研究和分析，预计今后几年我国电信市场的发展趋势。目前，时间序列预测方法有经典的统计方法、神经网络和机器学习等。

三、数据挖掘的过程

数据挖掘是在数据库中发现知识的过程，包含复杂的多阶段，各阶段之间相互影响，反复调整，是一个循环往复、逐步精益求精的过程。一个完整的数据挖掘过程如图 1-1 所示，可以分为几个主要阶段。

（1）确定挖掘方向和业务对象

明确地认识挖掘分析的业务所要达到的目标和成功的标准，要清晰地定义业务问题，获取业务信息，解释数据属性特征，并将业务问题转换为数据挖掘的问题，如采用什么数据挖掘方法等。挖掘的最后结果是不可预测的，但要探索的问题应是可预见的，需要对当前问题设置几个明确的假设。这一步，要求应用领域的专门技术和数据挖掘模型相结合，这种相互协作将持续在整个数据挖掘的过程中。

（2）数据准备

为挖掘提供高质量的输入数据，对整个数据挖掘过程相当重要，是保证数据挖掘成功的前提条件，也是最耗时的阶段，通常包括了数据选取、数据预处理、数据转换等子任务。

①数据选取：数据选取的目的是为了确定目标数据。由于数据挖掘过程所需要的数据可能从不同的异构数据源获取，因此根据需要，还需要结合实际开发环境，搜索和存储所有与业务对象有关的内部和外部数据信息，从中挑选出科学的、安全的、适用于数据挖掘应用的数据。

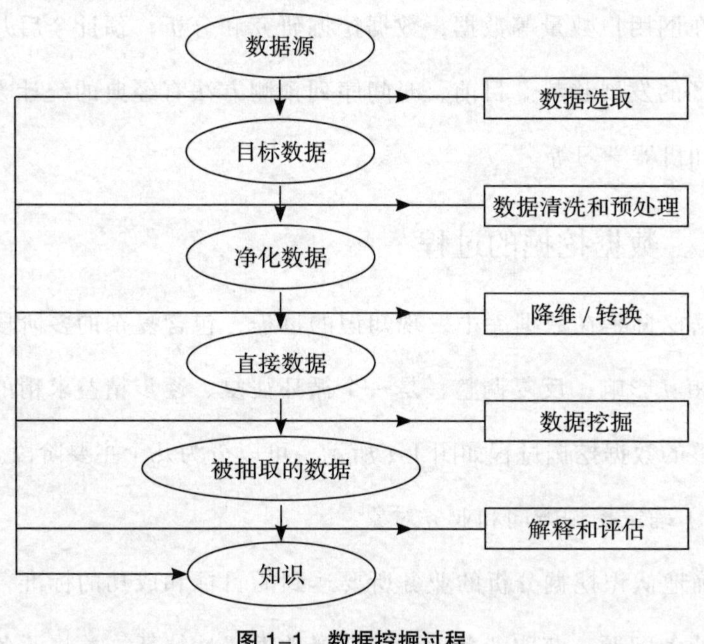

图 1–1　数据挖掘过程

②数据预处理：对确定的数据进行预处理，核对并检验这些数据。由于数据源、数据类型以及度量的多样性，可能会存在一些不规则的数据，需要填补、过滤、离散化或标准化等不同操作，以提高它们的质量。

严密监测数据之间的逻辑关系，为进一步的分析做好准备，并确定将要进行的挖掘操作的类型。

③数据转换：对数据编码，转换成统一的便于数据挖掘的数据集结构，包括数据的汇总和聚集、平滑数据中的噪声、将数据规范化和特征构造等。校验数据集结构的实用性，并弥补其不足。

（3）数据挖掘

数据挖掘的核心是模式发现，即选择并实现适当的数据挖掘技术，采用较多的技术有决策树、分类、关联规则、聚类、遗传算法、神经网络等。能够利用数据挖掘工具，选择合适的挖掘算法并完善，对所得到的经过转换的数据进行挖掘分析，从而获得期望的挖掘结果。

（4）解释和评估

用特定的技术分析和验证得出的挖掘结果，通常会用可视化技术将挖掘出的模式与规则以直观、容易理解的方式呈现给用户。然后再经过用户或机器的评估，找出并删除可能存在的冗余或者无关模式，如果分析所得到的模式不能满足用户要求，则需要重复数据挖掘过程。

四、数据挖掘的常用算法

数据挖掘的算法很多，每种算法都有其特定适用的领域，分别从不同的角度进行数据挖掘和知识发现。

（1）统计分析算法

统计分析算法是一种分析给定数据集合，进而可以得出描述和推断数据集信息和知识的方法。使用统计学方法进行数据挖掘，就是对数据集合建立数学模型，根据模型，采用相应的方法进行数理统计和分析，形成定量的结论。比较常用的统计法有回归分析、判别分析、相关分析、主成分分析等。统计方法难以处理字符型数据，在应用时需要有丰富的统计知识和相关领域知识。

（2）决策树算法

决策树是数据挖掘技术的一个活跃领域。它以树形结构表示分类和决策集合，产生规则和发现规律，是一种基于实际数据的归纳学习算法。决策树又称为判断树，结构与流程图很相似，其中树的非终端节点表示在一个属性上的测试，叶子节点表示一个类或类的分布，每个分支代表一个测试输出。通过训练数据集合，找出最具有分辨能力的属性，根据属性的不同取值，划分数据集合为多个子集。每个子集对应一个树的分支，分支逐渐形成了决策树，对其进行反复修剪后转化为规则。

决策树算法是以离散型变量作为属性类型的学习方法，常用的算法有 CHAID、CART、Quest 和 C5.0 等。它的主要优点是分类速度快，描述简单，易于理解，容易转换成 SQL 语句，特别适合大规模的数据处理。但它对连续型变量比较难预测，需进行类型转换；训练过度时还会影响实用性以及明确性，带来的误导等，都有待进一步研究改进。

（3）神经网络

神经网络在结构上与生物神经网络类似，学习人类神经处理问题的方法，再通过重复训练学习进行模式识别，是一种非线性的预测方法。它可以分析大量的、复杂的数据，为解决大型的复杂问题提供了一种相对简单、有效的方法。

一个神经网络可以被划分为输入层、输出层和隐含层。输入层接受外部的信号与数据；输出层实现系统处理结果的输出；隐含层处在输入和输出单元之间，对神经网络使用者来说不可见，它的层数和每层节点数决定了神经网络的复杂度。各层节点间的连接权值反映连接关系的强度，是信息表示和处理的体现，所以，调整节点间连接的权重是在建立神经网络时要做的工作。采用神经网络方法进行数据挖掘时，首先将数据聚类，然后根据权值分类计算。神经网络方法对于非线性数据具有快速建模能力，在处理含噪声的数据时体现出强大的优势，所以在市场数据库的分析和建模方面应用十分广泛。

（4）遗传算法

遗传算法是基于生物进化论的自然选择并结合自然遗传学机制的随机、自适应搜索算法。类似于细胞演化的过程，初代细胞代表问题可能潜在的解集，通过不断的选择、重组和突变产生更多的新细胞。在产生的每一代新细胞中，可以根据问题域中细胞的适应度大小选择细胞，并借助自然遗传学的遗传算子重组和突变，产生出代表新的解集的细胞。按照适者生存和优胜劣汰的原理，新生细胞比前代更能适应环境。这样，逐代演化产生越来越好的近似解。最终，末代中最优的细胞经过解码，可以作为问题近似最优解。

遗传算法可以高效并行地全局搜索问题的解空间，具有非线性求解、容易与其他模型相结合等优势，在模式识别、机器学习、生物科学和社会科学方面都有广泛的应用。

（5）关联规则

关联规则挖掘是试图挖掘隐含在数据之间有趣的关联或相互联系，

是数据挖掘技术的主要研究方向和最成熟的技术之一。关联规则是形如 X→Y 的规则，表示满足 X 的数据库元组也很可能会满足 Y。基于关联规则的挖掘过程实质上是寻找强关联规则的过程，首先迭代识别所有的频繁项集，依据数据可信度和数据支持度挑选对用户要求有现实意义的关联规则，即不被其他任何项集包含的最大频繁项集集合，丢弃无用的关联规则。然后由频繁集产生强关联规则，产生的这些规则必须满足最小的数据可信度与支持度。关联规则的挖掘一直都是研究的热点，经典的算法如 APriori 算法、Fp-tree 算法等。

由于关联规则没有变量的限制，能分析多维数据之间的相关性，所以在数据挖掘领域应用很广泛，常用来指导销售、目录设计以及其他市场决策的制定。例如，商业零售店通过关联规则挖掘技术，改变货物摆放，或者商品捆绑销售，提高营业额；应用在信用卡购物，能够预测未来顾客可能购买什么等。

将数据挖掘中常用的算法进行比较，分析它们各自的优缺点，得出各挖掘算法能力的对比表，见表 1-1。

表 1–1　常用挖掘算法能力对比表

挖掘算法	适合任务	适合数据	计算复杂度	可解释性	高维数据
神经网络	聚类 · 分类 · 预测	连续数据	较高	低	差
K- 最近邻	聚类	连续数据	低	中	差
K- 均值	聚类	连续数据	低	低	差
支持向量机	回归	连续数据	中	中	好
时间序列	预测	连续数据	较高	低	差
线性回归	回归	连续数据	低	中	中
决策树	分类	混合数据	低	高	好
朴素贝叶斯	分类	混合数据	低	中	好
遗传算法	聚类 · 分类 · 预测	离散数据	较高	高	中
Apriori 规则	关联	离散数据	较高	高	差

第二节 数据挖掘相关研究现状

一、国外相关研究现状

自20世纪80年代起，就开始研究数据挖掘，随着数据库技术和计算机网络的迅速发展，数据挖掘技术广泛应用于各领域，成为高层次的数据分析和决策支持的骨干技术，还引起了国内外众多领域科学家和工商界的广泛关注。

数据挖掘界于1995年召开了第一届知识发现与数据挖掘国际学术会议。20世纪90年代中后期，数据库、人工智能、机器学习等领域的学者投入到KDD（knowledge discovery in database）的研究中。1997年亚太地区召开了第一届亚太MDKD会议，以后每年一次，在数据挖掘领域影响十分广泛。1998年，建立了新的学术组织——知识发现与数据挖掘兴趣小组（ACM-SIGKDD）。1998年，在美国纽约举行的第四届知识发现与数据挖掘国际学术会议不仅进行了学术探讨，并且有30多家软件公司展示了他们的数据挖掘软件，不少软件已在北美、欧洲等国得到了应用。美国电气和电子工程师学会（IEEE）计算机学会自2001年起每年组织数据挖掘会议——数据挖掘国际会议（ICDM）。工业与应用数学学会（SIAM）自2002年起组织数据挖掘年会——SIAM数据挖掘会议（SDM）。

专题杂志Data Mining and Knowledge Discovery自1997年起由

Kluwers 出版社出版。2000 年，Jiawei Han 和 Micheline Kamber 出版数据挖掘领域具有里程碑意义的著作《数据挖掘：概念与技术》（第一版）。在随后的 6 年中，数据挖掘研究和商业运用快速发展，新的管理理念、算法模型、信息技术不断涌现，作者根据该领域最新研究成果，2006 年完成了著作第二版编写，丰富新应用所需的地理空间、文本、音频、图像和视频等数据类型，更新许多新主题和概念。Ralph Kimball 和 Margy Ross（2002）编写的 The Data Warehouse Toolkit 是计算机科学中的一部经典教材，深入而具体地介绍数据维度建模的理论和方法，提出技术要易于使用，要能够为用户提供明显的价值增值。

总结国外学者和研究者的研究成果，正如本书导论所述，数据挖掘是一门综合性的交叉学科，是指从海量数据中提取、发现有用信息或探索知识的过程，所谓综合性是指要将信息技术、统计学原理、经济理论、管理知识及行业经验有效整合。数据挖掘处于研究和应用探索阶段，经过十几年的研究和实践，数据挖掘技术已经吸收了许多学科的最新研究成果而形成了独具特色的研究分支。

二、国内相关研究现状

我国对数据挖掘的科学研究应用主要集中在对于数据挖掘相关算法的提出和修正。自 1993 年数据挖掘相关研究引入国内以来，在国家自然科学基金支持下，数据挖掘的研究重点逐渐从发现方法转向系统应用。目前，国内的数据挖掘研究项目大多数是由政府资助进行的，从事研究的人员主要集中在大学和研究所。南京大学计算机软件新技术国家重点实验室的徐洁磐、陈栋等人，采用统计方法集成了其他算法，开发出了一个原型系统 Knight。

除了这些学校和科研机构之外，我国的一些研究者也对数据挖掘展开了研究，但主要以介绍数据挖掘相关理论为主。邹鹏、李一军和叶强（2004）论述了数据挖掘方法在客户利润贡献度评价中的运用，其基本思路是，利用数据挖掘技术分析企业级数据仓库的客户历史数据，采用分类技术归纳客户的各种自然属性、特征，建立相关属性集，并建立以客户贡献度为主题的数据模型和数据集市，评估客户利润贡献度大小。艾林（2006）分析了数据挖掘技术在金融领域的应用，指出了数据挖掘技术可以提高金融业信息利用效率，在银行风险管理中对于未来不确定性分析与判断，发挥着十分重要的作用。张震和崔林立（2007）分析了数据仓库和数据挖掘技术，包括数据仓库与数据挖掘的概念、数据仓库的建设流程、数据挖掘的任务与方法等，并从决策支持系统（decision supporting system）技术分析的角度讨论了信息系统建设的重要意义与建设方法。孟凡荣等人（2008）基于云理论的属性空间软划分模型，改进 Apriori 算法，敢于提出适用于对煤矿安全监测数据进行关联规则挖掘的算法，用以评价巷道瓦斯危险源的风险程度，作为分析煤矿事故危险源的补充。李金迎和詹原瑞（2009）论述了金融行业数据挖掘的基本概念、技术特点和主要步骤，主要介绍了数据挖掘在客户关系管理、风险识别与管理、市场趋势预测及识别金融欺诈与反洗钱等金融行业的运用。陈真（2012）结合了 Hadoop 云平台特点，将 Apriori 算法移植于 Hadoop 云平台中并改进优化，使之适用于云平台的入侵检测系统，能有效提高云计算的安全性。郭晓利（2015）对智能小区的居民用电行为展开研究，基于并行关联规则 Apriori 算法，挖掘了用户用电行为间的关联规则，根据挖掘的关联规则，使用遗传算法，合理规划家庭用电时间分布，并达到经济用电的目标，给出了行之有效的智能用电策略。

第三节　数据挖掘的应用简述

数据挖掘技术从一开始就是面向应用的。随着信息化的发展，各行各业的业务操作都向着流程自动化的方向发展，数据挖掘的应用不再局限于初始的商业领域，应用更加广泛，与电信（detecting telephone fraud）、体育（IBM advanced scout analyzed NBA game statistics）、教学评价（teaching assessment）、保险（insurance evaluation）、交通管理（traffic control）、天文学（astronomy）、医学（detecting inappropriate medical treatment）等众多社会层面的信息化领域都息息相关。

一、数据挖掘应用于企业经营

（1）客户关系管理

数据挖掘能够帮助企业确定客户的特点，还可以挖掘客户深层次的需求，有针对性地为客户提供个性化的优质服务，以提高客户的忠诚度。因此，把数据挖掘和客户关系管理结合起来进行研究和实践，能够深入分析客户行为，是有很大应用前景的工作，能帮助企业解决关于客户管理的诸多问题，例如，发掘潜在客户、客户价值预测、客户群体细分、交叉销售、客户行为信用评分、客户保留、欺诈侦测、流失客户时间判断、客户关系网等。

（2）商品销售

在企业销售商品时，为了优化企业商品销售决策方案，改善用户的购物体验，应用数据挖掘技术分析商品销售相关数据。如某公司设计开发出一款新产品，想要迅速地找到目标客户群体，可以通过历史销售数据分析，挖掘用户的属性和消费行为，从而确定相应可能性最大的群体。电商平台将顾客在网站内的所有行为，都通过系统记录下来，每个用户的档案中都记录了该用户的所有购买和浏览行为。根据数据的特点挖掘分析，按照商品类别形成不同的推荐栏目。例如，“今日推荐”就是能够根据当天顾客浏览的信息记录，推出一些点击率最高或者购买率最高的产品。而“新产品推荐”则是要根据顾客搜索的内容，为顾客提供了大量新产品的信息。“用户浏览商品推荐”，则是将顾客曾经浏览过的商品信息再一次推向顾客，让顾客考虑购买或者进行二次购买。

（3）供货及库存管理

在供货管理中，供应商关系管理是很关键的问题。利用数据挖掘分析供应商在特定时间段内的送货情况、退换情况、结款方式、利润贡献等各项指标，为供应商的引进、储备、淘汰等管理决策提供科学依据，提高企业采购的财务业绩及利润，增强企业的竞争力。在库存管理中，利用神经网络技术，预测分析未来某段时间内的库存量，优化控制库存结构，以避免由缺货导致库存不足或是库存过量而导致不必要的库存费用浪费。

（4）新产品开发

在新产品开发时，主要以市场调查信息为基础，可以利用数据挖掘技术分析企业和市场等方面影响产品开发效益的因素，如企业品牌影响、技术力量、生产条件、财力、竞争对手、市场需求等，为产品开发决策方案的制定与实施提供科学的指导。

二、数据挖掘应用于金融行业

（1）保险业

数据挖掘在保险行业已经有了较为成熟的应用。如在确定保单费率方面，通过分析挖掘，还可以找出影响赔付支出的风险因素或变量，设置相应的权重等级，让保单的设置更加均衡公平，会更符合投保人的权益。数据挖掘技术也被广泛应用于保留旧客户的业务上。在已有客户的数据基础上综合考虑客户的信息、险种信息、销售人员信息等，通过广泛的预测模型 Logistic 筛选出影响客户退保或续期的关键因素，并通过这些因素和建立的模型，估计客户的退保概率或续期概率。还能够针对不同概率区间内的客户，采用相应的服务，以减少客户的退保率，提高续保率。此外，在提升保险赔付效率与风险监管业务上，数据挖掘也发挥着重要作用。利用保险历史数据，寻找会影响保险欺诈最为显著的因素及这些因素的取值区间，建立预测模型并通过自动化计分（score）功能，快速将理赔案件依照滥用欺诈可能性分类处理，协助无问题案件快速过关，并为理赔审核人员追查可疑案件提供线索和追查方向。

（2）银行业

各大银行已经在广泛应用数据挖掘技术。通过完善的数据挖掘技术，在审核客户信用卡申请资格之前，对客户一贯的消费行为和申请历史会进行交叉数据匹配，可以直观地查找出客户的风险点，从而减少银行方面因为伪冒欺诈带来的损失。在筛选优质客户时，利用数据挖掘技术提取和整合客户人行信息，将人行信用报告以一种比较统一的格式呈现在审核人员面前，能够大大帮助银行审核人员判定客户的信用情况，从而做出正确的信用判断。另外，利用数据挖掘技术可以预测银行客户需求。银行为了改善自身营销，获得这些信息对他们来说是至关重要的。银行把顾客可能感兴趣的本行产品捆绑在了自己的 ATM 机上供使用者了解。数据挖掘分析显示给销售代表的不仅仅是客户的特点，同时也可以分析客户很可能对什么产品感兴趣，极大地方便了销售代表的工作。

（3）证券业

在证券业，经常利用数据挖掘的时间序列方法，结合数学等相关学科的技术预测股票短期价格。投资者分析挖掘出的规则，能够更好地把握股票之间的联动规则和买卖时机。另外，决策树分类算法也常应用到股票财务数据的分析上，选取有代表性的财务指标测试样本数据。投资者利用测试结果可以分析上市公司的经营情况和获利能力，以此客观、准确地选出各板块的绩优龙头股和潜力股。

三、数据挖掘应用于医疗行业

数据挖掘在医疗卫生领域的应用已非常广泛，取得了一些令人瞩目的成果，极大地提高了医疗服务质量和水平。例如，关联分析可以帮助发现基因组和基因间的交叉与联系，识别基因序列。聚类、分类、神经网络等算法可以帮助区分 DNA 序列中的外显子和内含子，从而可以进行

DNA 序列分类。通过关联分析挖掘病人的病情和个人信息等疾病相关因素，发现某些知识规律用于指导临床医疗。粗糙集理论、人工神经网络等算法应用于疾病的诊断，辅助医生看病用药，让医生的诊断变得更为精确。

数据挖掘还可以应用于疾病预测。利用数据挖掘技术与方法，可将传统的健康数据与其他来源的个人数据联系起来，进行个性化健康预测。人的行为本身蕴藏了海量的健康信息，还可以通过智能穿戴设备来记录、收集有关个人饮食、睡眠、血压、心率、心理、呼吸等生理或心理方面的数据，对其分析、处理后可以得出个人的身体健康状况，并实现疾病的预警，估计个人患病的可能性，做到疾病的早发现、早治疗。如加拿大的一家医院应用数据挖掘分析，能够准确预测出哪些早产儿将出现问题，能够及时有针对性地采取有效措施，提高早产儿的存活率。对疾病的预测同样适用于传染病流行病学的预报。利用趋势预测、分类聚类等算法，挖掘分析全国分级传染病疫情监测报告数据，构建预警预报模型，实现传染病流行的早期自动预警。

此外，数据挖掘技术在医学图像、药物副作用研究、公共卫生决策、医院管理等方面都有着重要的辅助、促进作用，应用日益成熟，具有非常广阔的应用前景。

四、数据挖掘应用于道路交通管理

道路交通的变化过程是一个实时、非线性、高维、非平稳的随机过程，交通流变化的随机性和不确定性高。在对交通流量预测上，运用关联规则分析、聚类分类、神经网络等算法，挖掘分析历史道路交通数据，得出引起交通拥堵的关键因素，如天气、节假日、突发事件等，建立交通拥挤预警和报警系统，及时广播或者推送信息给附近行驶的车辆，以避免交通堵塞。

在交通规划方面，利用交通部门采集到的公交刷卡数据、道路卡口数据、道路运行数据、浮动车 GPS 等数据信息，分析不同交通方式下的城市交通运行，反映出行者出行需求特征、交通供给情况和供需匹配程度等，得到交通流的空间分布特性，从而科学合理地规划道路交通。

在道路交通安全方面，采用数据挖掘中的多维关联规则技术，来分析历史交通事故、道路交通犯罪等信息，从大量的事故诱因、犯罪信息中发现它们隐藏的内在规律，人为控制和干预，从而减少交通事故、交通犯罪的发生概率，可以有效辅助交通安全管理及事故防治。

五、数据挖掘应用于能源行业

利用数据挖掘技术分析各类能源数据，发现知识规律，用于能效情况评价、风险辨识评估以及能源经济利用分析等功能中，进一步挖掘节能潜能，提高能源利用效率。

在能源消费预测上，利用神经网络算法对能耗历史数据进行趋势分析与预测，从而针对性地采取措施，通过动态能源管理进行削峰填谷的调度。在德国，通过挖掘智能电网收集的客户数据，可以分析家庭的用电规律，从而准确预测未来 2 ~ 3 个月里整个电网大致需要多少能耗。在能源消费节能监管方面，通过关联规则分析，挖掘分析影响能耗值的多个影响因素，找出隐藏的相关性规律，从而科学调控这些关键性因素，提高能源利用率。如维斯塔斯风力系统利用数据挖掘分析气象数据，从而高效准确地找到安装风力涡轮机和整个风电场最佳的地点，能够最大限度地提高能源利用率。在能源异常能耗问题分析上，通过离群点分析算法，分析挖掘能源管理时间序列数据，查找出能耗异常的空间或时间维度的离群点，从而找到能耗异常点并查明原因，就可以避免能耗浪费。

六、数据挖掘应用于教育行业

数据挖掘技术在教育行业大有可为，不仅促进教育管理更加科学化，而且也提高了数字化的建设，还解决了教学部门的诸多问题，如人才的预测培养、学科不及格预警监管、学风考勤的建设、教学测评等。

（1）学生成绩分析

利用现有学生成绩数据库和学生基础信息数据库，应用数据挖掘算法进行情况分类、关联分析，得出科目的关联拓扑图。从中科学地分析出影响科目成绩高低的潜在因素（如户籍、高考分数、性别等看似无关的因素），有利于教师因材施教，促进了课堂改革；找出科目与科目之间的关联，指导合理排课和及时调整教学内容，从根本上提高课堂教学效果；预测分析不及格学生特征，提前预警，有针对性地完善现有的教务管理，帮扶并监控预警学生群体认真学习，降低高校不及格率。

（2）学生自主学习评价

随着信息化建设的不断推进，学生自主学习不再局限于书本知识。通过互联网、手机新媒体等多种渠道，学生可以自主选择喜欢的学习方式和内容，如教学视频、论坛讨论、在线实时交流、电子课件下载、收发邮件等，学习内容和途径的选择广而杂，而且学习效果无法考量。学生的个性差异与自主学习过程数据难以量化和统计，无疑会造成教师对学生自主学习获得的知识多少、掌握的具体情况以及获得的有益知识等无法评价，导致在学习过程中缺乏有效地指导与监控。利用数据挖掘技术收集、分析学生在网络学习过程中的动态和静态信息，使学生个性特征的收集和分析工作由人工转向自动，对学生自主学习进行系统的、客观的评价，真实地反映学生对知识的理解和掌握情况，从而帮助教师能够及时调整教学计划和方案，对不同的学生提供不同的教学资源，为学生自主学习的开展与改进方面提供有效的指导。当需要了解哪些在线学习环境的特征能够带来更好的学习效果，哪些学习行为能获得更好的学习效果，对某些特定学生采用什么教育方式是最有效的，等等问题时，需要运用数据挖掘技术，可以得到科学准确的答案。随着大数据时代的来临，未来在教学和学习方面，数据挖掘将具体应用在学习资源推送、虚拟学习社区构建和学习路径优化等方面。

（3）教学效果评价

整合选课信息数据库、教学测评数据库与学生成绩数据库的信息，利用决策树分类和关联分析可以分析教师的个人素质与教学水平之间的关系，以及专业素养与教学成果之间的关系，以科学的方法实现教学评价结果的公正、公平；为科学合理的教学管理提供决策指导，从正确的方向改造教师，不仅可以提高教师的素养和涵养，而且还可以促进教育事业的蓬勃发展。

（4）学生日常管理

学生从入学到毕业的信息都记录在学校的数据库中，如学生档案、新生入学教育、军训、学生违纪事件处理、评优、奖学金、贷学金、勤工俭学、困难补助、费用减免、特殊事故的处理与学生平安保险、班主任评语，等等。利用数据挖掘技术，可以分析出品学兼优的学生有什么特点，而违反纪律、不听管教的学生又有什么特点。利用挖掘结果就可以分析出学生的行为规律，便于学校制定用于学生日常管理的规章制度。

（5）毕业生就业整体分析

分析学生全面信息以及就业后的跟踪调查，利用数据挖掘可以分析出何种专业的学生在哪类地区就业率高，具备何种素质的学生受到用人单位青睐，以便合理引导本校的教育资源；根据学生在校的基本情况数据，关联分析出哪些素质对学生将来成才影响最大，以便在以后的教育中有针对性地培养学生，从而可以提高毕业生的就业竞争力。

利用数据技术挖掘日益丰富的教育教学数据，将之转换为宝贵的知识信息财富，从而指导教育管理部门出台正确合理的政策，能够帮助学校充分利用教学资源、提高教学质量，增强学校的竞争力。

第四节　常用的数据挖掘建模工具

数据挖掘工程需要足够的软件来完成分析工作，随着数据挖掘技术的日益发展，基于数据挖掘的软件工具相继问世。几种常用的数据挖掘建模工具如下。

一、IBM SPSS Modeler

IBM SPSS Modeler 是领先的可视化数据科学和机器学习解决方案。它封装了最先进的统计学和数据挖掘技术来获得预测知识，加快数据研究员执行操作任务的速度，从而帮助企业加速实现价值并获得了预期的成果。SPSS Modeler 是开放型数据挖掘工具，支持企业利用数据资产和现代应用程序，进行数据准备和发现、预测分析、模型管理和部署以及机器学习，拥有直观的操作界面、自动化的数据准备和成熟的预测分析模型，再结合商业技术可以快速建立预测性模型。它适用于混合环境，可以满足监管和安全需求。它的可视化数据挖掘使得“思路”分析成为可能，并提供了多种图形化技术，指导用户以最便捷的途径找到问题的最终解决办法。

二、Python

Python 是一款功能强大的应用软件，可以链接各种编程语言，应用于各种不同的场景，具备强大的科学及工程计算能力。Python 广泛运用于数据挖掘、运维、建站还是爬虫等。

Python 拥有应用场景广泛、开源免费、前沿算法支持、学习成本低、开发效率高等特点。Python 把遥不可及、高高在上的大数据、数据挖掘、机器学习、深度学习等概念，转化为每个人都可以学习、每个企业都可以实际应用的项目和程序。

三、KNIME

KNIME 容易与第三方的大数据框架集成，通过大数据组件的扩展（big data extension）能够方便地和 Apache 的 Hadoop 和 Spark 等大数据框架集成在一起，使用非常方便。KNIME 兼容多种数据形式，不但支持纯文本、数据库、文档、图像、网络，甚至还支持基于 Hadoop 的数据格式。它还支持了多种数据分析工具和语言，包括支持 R 语言和 Python 语言的脚本，从而让专家经验能被复用。它强大的可视化功能提供了易于使用的图形化接口，能够把分析结果通过生动形象的图形展示给用户。

四、Rapid Miner

Rapid Miner 提供图形化界面，在图像化界面拖拽建模，还轻松实现了数据准备、机器学习和预测模型部署，无需编程，简单易用。其具有如下优势。

（1）统一的平台

一个平台，一个用户界面，一个系统，支持从数据准备、模型部署到正在进行的模型管理的完整工作流程。

（2）可视化的工作流设计

快速易学和方便使用的拖放方法加速了端到端的数据科学，从而可以提高生产力。

（3）广泛的功能

超出其他可视化平台更多的预定义机器学习函数和第三方库。

（4）开源创新

广泛接受的开源语言和技术，超过 250k 的数据科学专家社区和强大的 Marketplace 与不断发展的数据科学需求保持同步。

（5）广泛的连接

超过 60 种 Connectors 可以轻松访问所有类型的数据：结构化、非结构化和大数据。

（6）各种规模的数据科学

在内存中或Hadoop中运行工作流，为各种规模的项目提供最佳选择。

五、TipDM

TipDM（顶尖数据挖掘平台）是基于 Python 引擎、用于数据挖掘建模的开源平台。用户可在没有 Python 编程基础的情况下，通过拖拽的方式操作，将数据探索（相关性分析、主成分分析、周期性分析）、数据预处理（属性选择、特征提取、坏数据处理、空值处理）、预测建模（参数设置、交叉验证、模型训练、模型验证、模型预测）、模型评估、数据输入输出等环节，通过流程化的方式连接，使用户可以理解数据，并设计数据挖掘流程和可重用组件，以达到数据分析挖掘的目的。TipDM 使用 JAVA 语言开发，能从各种数据源获取数据，可以建立多种数据挖掘模型。TipDM 目前已集成数十种预测算法和分析技术，基本覆盖了国内外主流挖掘系统支持的算法。

第二章　大数据时代的理解

第一节　大数据时代的概念与特征

从18世纪中叶开始，科学的技术化和社会化成为这个历史时期的突出特征，出现了三次技术革命：以改良蒸汽机使用为标志的第一次工业革命，以电力内燃机使用为标志的第二次工业革命，以微电子技术的应用与发明为标志的第三次科技革命。在不到300年里，人类社会已走过了蒸汽时代、电气时代和信息时代。而现在，以大数据、物联网、云服务、移动互联网等为代表的新一轮信息技术正在改变着商业模式，并逐步影响了人类的生活方式甚至是思维方式。根据摩尔定律，这些大的时代转型，大数据时代正在向我们走来。

一、大数据时代的概念

劳动工具是生产力发展水平的重要标准，而生产力发展水平则是一个时代的本质特征。大数据，是作为一种新的劳动资料而出现，对生产力的发展有着直接的推动作用，这也是大数据时代会被称为一个时代的原因。

例如在购物网站上购买产品时，人们总会被网站所给出的推荐所吸引，这就是网络购物平台通过大数据分析得出的最容易达成交易的选数据，已经渗透到当今每一个行业和业务职能领域，成为重要的生产因素。人们对于海量数据的挖掘和运用，预示着新一波生产率增长和消费者盈余浪潮的到来。全球知名咨询公司麦肯锡最早提出大数据时代的到来。其实，大数据的挖掘与运用，已经在许多领域早有运用，由于近些年互联网和信息行业的进一步发展，进而引起了大家的关注。

在大数据时代下，数据成为真正的有价值的资产，云计算、物联网等技术手段都是为数据服务开辟道路的，企业交易经营的内部信息、网上物品的物流信息、网上人人交互，或者人机交互信息、人的位置信息等，都成为摆在明面的资产，盘活这些数据资产，直接作用于个人的生活选择、企业的决策甚至国家治理。

我们认为大数据时代有三层含义。其一，用传统的数据仓库等分析工具挖掘处理大量的数据，用统计学等方法就可以得出结论。这是大数据技术刚刚起步、大数据时代刚刚显现时，人们对大数据时代的初步认识。其二，用新的大数据技术对海量大数据进行处理、分析与预测，这也只是大数据时代的浅层含义。其三，用大数据思维看待社会发展，用大数据技术推进社会的发展，对个人生活、企业发展、政府管理做出变革，对整个社会形态变革产生深远的影响。这才是大数据时代的真正含义。

二、大数据时代的基本特征

大数据科技的进步所带来的变化，会让整个时代都带着数据科技的特点。大数据时代，数据将会进入每一个行业，甚至在每一项生产活动中，通过数据的手段对个人生活、生产活动、组织决策甚至社会走向产生推进作用，大数据时代以数据作为生产力提升的重要手段，利用这一新的生产元素，可以挖掘其内在价值，将生产力发展推升到一个全新的高度。

大数据时代有着一些小数据时代所没有的基本特征，可以总结为三点：一切都将被数据化、数据可以预测未来和数据的控制力是存在限度的，分别从数据化特征、预测性特征和数据所能达到的控制力度来进行阐述。

（一）数据化特征

人类的感知是通过眼睛、耳朵和皮肤等感觉器官受到刺激，以神经冲动的方式传导至大脑，通过大脑的反应进行认识活动。而在电脑这里，摄像头成了它的眼睛、话筒成了它的耳朵，各种各样的传感器则成了它的皮肤，通过传感器检测到的电信号，进入电脑成为人们所需要的数据流。因此，之前许多人类不能或不方便感知、测量的，现在可以通过传感器技术将其准确地数据化。随着传感器技术的发展，几乎没有什么不能被它们所捕捉，大至气候的变化，海洋的气温、走向，室外空气质量等自然界悄无声息的变化，小至生物传感器可以对细胞、细菌和病毒的检测。生物传感器可以通过具有分子识别能力的生物活性物质感受目标的变化，再经由信号转换器，也叫换能器，转化为电信号，就可以将微观领域的细胞、细菌等的变化量化为数据进行分析研究。通过这种方法，可以检测人体的细微变化，不光是健康方面，甚至可以检测出人的情绪变化，形成了心情指数。利用先进的传感器技术，大数据时代的一切问题几乎都可以量化为数据。

数据化的技术手段改变了世界，同时也推动了社会科学的发展。过去，信誉、名声、影响力等都是无法测量的，是存在于人心中的一种模糊的评判，大数据时代，社会科学的发展可以给这些无形资产确定一些标准，或者确立一种测量方法，它们就可以被测量出数值来，以一种量化的形式更直观地展示出来。通过数据挖掘分析的方法，可以用数学的手段进行社会科学的研究，进而可以得出一些更为准确的、更有依据的答案。例如，企业、大学的影响力排名、影响因子，电子商务门户网站的商家信誉等级，人们的幸福感指数变化规律，等等。此外，将一些非结构化的数据进行收集并挖掘分析，更能够使社会科学的研究能够更进一步。互联网社交平台每天有数以亿计的人发着各种各样的信息，这些都是社会研究庞大的资源，通过对这些文字、图片、视频等非结构化数据的研究，可以极大地推动社会科学的发展。

量化的最终目的是预测，通过量化分析，发现数据中的规律，通过规律，推导之后的变化，进而达到预测的目的，这是人类在大数据时代找到地把握未来的途径。若要数据的预测直接给出一个确定答案，那是几乎不可能的，因为任何的测量都会存在一定的误差，但是，数据可以给出下一步事件发生概率的预测，也就是说虽然没有确定答案，然而可以给出一个最优的选择，这就是大数据对未来的预测。在可以被量化的基础上，可以进行一种短时间内的可能性预测，大数据已经使人类在预测未来问题上迈出了重要的一步。

（二）预测性特征

预测是大数据技术应用的核心，也是挖掘大数据的意义之所在，根据建立起来的模型对未来进行某方面的预测，并通过人为的一些手段来进行干预，使其向着我们所需要的方向发展，这是大数据最大的意义。自古以来，人类都希望通过蛛丝马迹来预测未来的发展，希望可以拨开现实的迷雾看到未来。人类通过各种各样、奇奇怪怪的方式，希望可以偷偷地窥探未来一眼，但是，残酷的事实是，这些方法都没有什么科学依据，也谈不上什么预测未来。大数据时代的数据挖掘分析给了预测未来一条新的道路。对我们有用的信息就像隐藏在大量噪声中的信号，一些来自未来的信号，只有剔除这些噪声，捕捉到有用信号，预测未来才可实现。信息的数量在不停地、快速地、大量地增长，而其中大部分的信息都是噪声，信息量越大，隐藏在其中有用的信号的比率越接近零。尽管大数据开辟了一条能够看到未来的道路，却又因为大数据的发展不断地将这条道路竭力地隐藏起来。不过，既然人类已经看到了这条道路，那么就不会轻易地松手，噪声能够使我们离真相越来越远，然而相信不断进步的大数据挖掘技术可以让我们牢牢地把握住这条通向未来的隧道。

（三）数据的控制力是存在限度的

大数据虽然具有预测能力，但这种预测能力并非万能的，在它的领域之内，可以进行短期的预测，但如果是长久的未来的变化，那应该叫作预言，至少现在还仅仅在传说中出现。认清大数据的控制能力，不能盲目崇拜、依赖大数据的预测能力。同时，大数据的数值也是在预测一件事情发生的可能性，考虑到所有因素，这种可能性不可能用一句广告词套用而存在的。

大数据时代，我们应当正确地看待大数据的预测能力，利用它对事件的短期预测能力和干预能力对社会发展做出更大的贡献，而不是迷信它的预测能力，将其看成一种预言，本末倒置地去追求虚无缥缈的事情。由此可见，大数据时代下数据的控制力适用范围极大，包括事件的发生发展、人类的行为等，然而预测的有效性随时间推移而渐弱，随机性事件的产生则有极大可能会直接推翻所有预测结果。

第二节　大数据时代的发展层次

运用大数据技术，通过对海量细分数据的处理，能够做到精细化管理。

通过对海量的数据进行深度挖掘，实现可视化分析，为业务管理、领导决策和突发事件的应急处理提供科学依据。深圳市儿童医院搭建IBM信息集成平台，整合分散在多系统中的海量数据，能够实现各部门的信息共享；同时通过商业智能分析对集成数据进行深入挖掘，为医院各部门人员的科学决策提供全面辅助，也提升了医院的服务水平和管理能力。

大数据能够帮助企业分析大量数据，而进一步挖掘市场机会和细分市场，然后对每个群体量体裁衣般采取独特的行动。

大数据让企业能够创造新产品和服务，改善了现有产品和服务，以及发明全新的业务模式。

第三节　大数据时代下的数据思维

在大数据时代，人们生活在无数数据流中，数据开始影响人们的生活，改变人们的生活，同时对人们的思维方式也有着潜移默化的改变。这种在大数据时代背景下产生的数据思维也可称为大数据思维。

一、大数据思维的内容

在大数据时代的背景下，传统的以计算为中心的理念要逐渐转变为以数据为中心，形成了数据思维。大数据时代必然会改变世界，必将对人们的学习、生活和工作方式，更重要的是思维方式产生彻彻底底的变革。人类的思维活动可以影响生产生活活动，并且思维自身的发展也必然受到自然界和整个社会环境的不断影响。先进的数据科技的应用带来了新的生产生活方式，人的思维方式也受到了极大的影响，这种影响不仅仅存在于方法上、工具上，人类的认知能力和准确性也会大幅度提升。大数据的思维方式得到全方位的落实，给人类带来大机遇、大挑战、大变革，终将从大数据走向大社会。大数据时代呼啸而来、势不可当，以往的一些东西正在慢慢地消散，大数据将会重塑整个社会和人类看待世界的方式，以形成大数据时代的数据思维。

但是舍恩伯格指出，数据思维就是在处理数据时要做到三大转变。第一个转变是在大数据时代可以分析更多的数据，甚至是与之相关的所有数据，而不再依赖于采样。社会科学研究社会现象的总体特征，采样一直是主要的数据获取手段，信息技术的普及让人们意识到这其实是一种人为限制，然而使用所有数据可以带来更全面的认识，可以更清楚地发现样本无法揭示的细节信息。

第二个转变是不再追求精确度。与银行、电信等行业的精确计算需求不同，社会计算是对社会动态的反映，当拥有海量即时数据时，绝对会科学在宏观层面拥有更好的洞察力。

第三个转变是不再热衷于寻找事物间的因果关系，而应该寻找相互之间的相关关系。在社会科学中的因果关系是概率性的，只能研究原因的结果，而不是结果的原因，相关关系也许不能准确地说明一个社会现象发生的原因，然而它会揭示其发展过程。

上面是 Schonberger 的观点，他从不从采样、结论模糊、注重相关关系三个角度来区别数据思维与传统思维。而我们认为大数据时代的数据思维应该包括分析整体、不追求精确、研究相关关系与能够及时删除信息垃圾，分别对应着不依赖采样、结论模糊、注重相关关系与学会遗忘四个角度。

1. 分析整体

因为大数据时代的到来，让我们有了收集和处理大规模数据的能力，如果还是像以前那样用尽可能少的数据来完成分析，则未免有些得不偿失，毕竟在大数据时代，增大样本随机性比直接拿所有数据来分析更困难，而直接将全部数据作为样本进行分析，我们将会拥有更多样化、准确性更高的分析结果。

大数据时代，不再需要我们用“以小见大”的方式来看世界，我们可以直接收集和处理事件所产生的全部信息和数据，我们有了“以大见小”的基础。同时，我们已经有了研究事物之间的途径——相关关系研究，有能力更进一步地对细节进行分析，那么就理所应当把目光更多地投向全体数据和更细微处的细节。

2. 不追求精确

大数据时代的到来，是因为我们的数据科技可以对量级非常大的数据进行储存、传输、处理和分析等，然而这些数据只有 5% 是结构化数据，这些可以适用于传统的数据库，而剩下的 95% 的数据都是非结构化数据，这些数据是不能被传统的数据库所利用的。传统的数据库是执着于精确性的，如果我们不接受混乱，那么只有 5% 的数据可以研究，剩下的 95% 都无法被利用，那么也就谈不上大数据时代了，因此，大数据时代不是追求精确，而是接受混杂。

但是事实证明，在量级达到一定程度时，想要保证所有数据的精确性无疑是天方夜谭（至少现在是如此），那么，我们就必须要求我们的数据库、算法等处理方式能够容忍错误的存在，在海量数据的冲刷下，错误对于最终的影响变得微乎其微，大数据可以容纳错误的存在。同时，除了错误，大数据时代还可以容纳混乱的存在，首先便是格式的不一致。在互联网中的信息多种多样，甚至对于同一件事物都有着成千上万种表达，那么研究这项事物则必须接受众多不同的表达。大数据时代对于错误和混乱的接受，我们称之为接受混杂，这种混杂的表现是繁多的种类和高容错率的表现，在绝对意义上的“大”量的数据面前，种类的不同和一定的错误率是不能够阻碍人们从大数据中撷取隐藏在其中的有价值的果实的。

3. 研究相关关系

相关关系的思维方式是我们解释世界的新途径，也是我们改变世界的新方法，相关关系的应用将对我们的科学研究、日常生活，甚至企业和政府的运作方式等产生巨大的变革。数据间所发现的相关关系使我们将之前看似毫无关联的事件联系到了一起，这必将能够打破众多的壁垒，今后“隔行”不再如“隔山”，看似无关的事件也可能存在一定的相关关系，这种相关关系无关因果，却是实实在在的联系。

相关关系的大放异彩，是科学技术发展到现阶段的必然成果，这并不意味着我们就此只需要相关关系来找寻规律，进而放弃因果关系所带来的理论体系。毕竟，没有因果关系，我们的科技也不可能发展到今天这个高度。相关关系和因果关系将应用于不同的领域或是运用于不同的研究中，作为两种不同的研究方法来共同探究这个世界的众多奥秘。相关关系的兴起正是大数据科技的发展所带来的，而反之相关关系的研究必将对大数据时代的发展起到推动作用。在大数据时代，我们可以看到相关关系的巨大优势，就应当积极地去运用、去发掘它的潜力，这会使得科学研究、社会进步的道路变得更加平坦。

4. 及时删除信息垃圾

大数据时代使人类对记忆的认识有了颠覆性的变革。过去，我们不断努力，希望我们的记忆可更加长久一些，会尽力地延长我们的记忆时间。而大数据时代的到来，可以将记忆永久保存，这解决了人类过去延长记忆的问题，也给人们带来新的困扰和难题。巨大的信息量使得我们深陷于纷繁杂乱的信息中，更难将有效的信息提取出来，虽然庞大的信息量可能包含更多的有效信息超强的记忆，但是并不能代表我们将拥有超强的学习能力，在大量记忆下来的信息中，提取有效的信息，将其整理分析出有效的结果才是我们最终需要的学习能力。除了有效的信息外，剩下的信息垃圾我们就应当将其彻底遗忘，才不会对我们产生困扰和阻碍，因此，在大数据时代，如何将有效信息提取并记忆，将大量无效的或者过时的信息删除并遗忘，是我们应当考虑的大问题。

二、大数据思维变革的方向

上面提到大数据时代的数据思维应该包括分析整体、不追求精确、研究相关关系与及时删除信息垃圾，这也是大数据时代思维方式的重要变革。根据这些变革，可以发现大数据思维方式变革的总体方向，包括预测性、模糊性和复杂性。

1. 预测性

大数据时代带给我们巨量的数据和先进的数据分析技术，以及二者的结合带来的我们最为关心的一项能力——预测。大数据带给我们的最为重要，也是我们最想得到的就是它无与伦比的预测能力。大量的传感器将我们身边的一切物体纳入物联网，使一切事物的动态、变化都变成大量的数据流不断进入负责监控的计算机。基于云计算技术的强大数据分析能力将这些数据进行分析处理，得出的结果则可以对事物现时的情况进行把握，同时对下一步的发展进行预测。

在大数据时代，我们能够对事物的进一步发展进行预测，尽管我们还做不到百分之百地掌控。由此可见，大数据的预测能力已经在各行各业崭露头角，并且很快就会被大家运用起来。而这种预测能力带给我们的就是思维上的前瞻性和预测性的变化趋势。

预测并非预言，大数据能做到的是短期内影响因素较少的事物的发展预测，这种预测有着极大的限制，并非臆想中的无所不能、无所不知。可是，即便如此，大数据的预测能力已经给人们看向未来开了一扇窗，在大数据的帮助下，人们不会再摸着石头过河，而是可以站得高一些，可以稍稍看清前方的路。这种转变对人类来说是非常重要的。人们对于未来不再是彷徨无措、一无所知，而是可以通过对大数据的分析进行推测，这是人类思维方式变革的一个大方向。

2. 模糊性

世界上许多事物是不能用精确来解决的，过去科技不发达，认为是不够精确，现在发现事物本身就存在模糊性，用精确的手段自然不能够解释和处理。这一点从“模糊数学”学科的兴起便可看出。在大数据时代，我们就会发现了更多的模糊性事物，那么我们的思维方式也必将从过去的精确性思维方式向模糊性思维方式转变，这样我们才能更好地适应和推动科技的发展和社会的发展。

大数据的模糊性来源于数据的混杂和错误，前面章节里讲到了大数据接受错误和混杂，这样就难以保证精确，也不需要再执着于精确，因为大数据的“大”已经可以解决当下许多问题。模糊性就成了人们思维方式上需要变革的方向，对于放弃用简单地某一件事情定性，而学会用概率和数据说话，或许需要一定的时间，但不可否认的是，这终究是我们今后进步的方向。此外，数据的模糊性还来自数据的生长性，大数据时代大多数的数据不是静态的，而是不断生成、不断变化的动态数据，对于这种具备生长性的数据，很难做到精确地、简单地定性，而是需要我们用模糊的和概率的数据来表达。因此，在大数据时代，也可以接受了错误和混杂，认识到数据的动态变化，我们的思维方式必将展现出一种模糊性的变化趋势。

3. 复杂性

大数据时代相关关系的研究打破了传统的线性因果关系的科学研究思路，从许多通过传统科学研究方法根本无法联系在一起的事物中寻找到了一定的联系。这也打破了传统的机械思维和还原方法论的统治，同复杂性科学研究方法类似，甚至可以说大数据时代的研究方法本身就是一种复杂性科学，而这种复杂性科学也代表了这个时代人类思维的方式向着复杂性的趋势发展。复杂性科学认为一切对象都是有生命的、会演化的系统，最简单的几个要素通过非线性的相互作用，也有可能会涌现出复杂的行为，我们不能根据简单的因果关系推导系统的行为。大数据时代的相关关系研究恰恰就是通过数据之间的关系来研究事物之间非线性的相互作用，大数据时代对复杂性科学将起到极大的推进作用，也会给人类的思维方式带来复杂的变化趋势，人们眼中的世界将不再是简单的、可以被分割的一个个单独的个体，而是互相联系的一个复杂的系统。

大数据时代思维方式复杂性的变化趋势，除了将世界看成一个有联系的复杂的系统，还必须认识到这个系统是动态的、时刻都在变化的。过去的数据是某个时间采集到的静态数据，这种数据是静态的，是有时滞性的，大数据时代的数据都是不断变化的，随时随地都可以采集到这种动态数据，可以直接反映当前的动态和行为。大数据时代数据的采集、存储、传输、处理和使用都十分便捷，我们可以不断地获得最新数据。

数据的动态变化监测能力能够让我们更容易地研究世界的发展变化。大数据时代的研究正朝着正确的方向进发，不断地将这个世界清晰地还原到人脑之中。在大数据时代，复杂性的、动态的思维方式将被树立，人们的思维方式也将会呈现复杂性的变化趋势。

大数据被人们广泛熟知，对其分析、处理技术近几年也迅速发展。毕竟，“大”是一个相对概念。回顾以往的信息发展史，数据库、数据仓库、数据集市等信息管理领域的关键技术，很大程度上也是为了处理海量、难以预估数量的数据问题。

然而，大数据成为新兴热点，主要是应归功于近年来互联网、云计算、移动和物联网的迅猛发展。无所不在的移动设备、RFID（射频识别）、无线传感器等先进仪器，都在随时随地产生数据，数以亿计用户的互联网服务时时刻刻产生巨量的交互等，要处理的数据量实在是太大，并且增长的速度非常快，然而业务需求和竞争压力对数据处理的实时性、有效性又提出了更高要求，传统的常规技术手段根本无法应付。

在这种情况下，技术人员纷纷研发和采用了一批新技术，包括分布式缓存、基于 MPP 的分布式数据库、分布式文件系统、各种 NoSQL 分布式存储方案等，为解决大数据问题提供了很大的帮助。

第四节　大数据引领信息化新时代

一、最优的推荐商品

个性化推荐系统是建立在海量数据挖掘基础上的一种高级商务智能平台，以帮助电子商务网站为顾客购物，可以提供完全个性化的决策支持和信息服务。购物网站的推荐系统为客户推荐商品，自动完成个性化选择商品的过程，还能够满足客户的个性化需求，推荐基于：网站最热卖商品，客户所处城市，客户过去的购买行为和购买记录，进而就会推测客户将来可能的购买行为。

二、流失模型

用户流失（Customer Churn）是指用户不再重复购买，或终止原先使用的服务。由于各种因素的不确定性和市场不断地增长以及一些竞争对手的存在，很多用户不断地从一个供应商转向另一个供应商，是为了求得更低的费用以及得到更好的服务，这种用户流失在许多企业中是普遍存在的问题。

经过流失预测分析，业界普遍都是采用决策树算法来建立模型。对客户进行流失分析和预测的基本步骤包括：明确业务问题的定义、数据挖掘流程描述、指标选择及如何运用挖掘结果来指导客户的挽留活动。以下分别简要说明：

（一）明确业务问题定义

数据挖掘是个不断尝试的过程，没有定式。即使数据挖掘人员掌握了一些套路，然而在没有弄明白要做什么以及数据情况到底如何之前，其实是不能给客户任何保证的。业务问题定义类似于需求分析，只有明确了业务问题才能避免多走弯路和浪费人力物力。

对于客户流失预测来说，一般要明确以下几个问题：第一，什么叫作流失？什么叫作正常？第二，要分析哪些客户？比如在移动通信行业，很可能要对签约客户和卡类客户分开建模，还需要排除员工号码、公免号码等。第三，分析窗口和预测窗口各为多大？用以前多久范围的数据来预测客户在以后多久范围内可能就会流失。

（二）变量选取、数据探索和多次建模

这个类似于指标选择，也就是要确定变量，在互联网中的绝大多数客户数据都可能被探查并用于建模过程。以电信业为例，通常分为如下几类：第一，客户基本信息；第二，客户账单信息；第三，客户缴费信息；第四，客户通话信息；第五，客户联络信息。

这些变量的数目很多，而且还会根据需要派生出很多新变量，比如，近一月账单金额和近三月账单金额的比例（用于反映消费行为的变动）。建议挖掘人员把所有能拿到的数据都探索一遍，再来然后逐步明确哪些变量是有用的。而对于一个公司来说，事先能给出一份比较全面的变量列表，也正体现了他们在这方面的经验，对于挖掘新手来说，多思考，多尝试，也会逐渐总结出来。

（三）对业务的指导（模型的发布及评估反馈）

挖掘人员常常是技术导向的，一旦建立好流失预测模型并给出预测名单之后，就觉得万事大吉，可以交差了。但是对于客户来说，这远远不够。一般来说，客户投资一个项目，总希望从中获益，因此，在验收时领导最关注的问题可能是：数据挖掘对 ROI 收益率有什么提升？要给客户创造价值，就需要通过业务上的行动来实现。这种行动可能是帮助客户改善挽留流程，以制定有针对性的挽留策略，明白哪些客户是最值得挽留的，计算挽留的成本以及挽留成功后可能带来的收益。以上这些方面需要挖掘人员不仅仅是技术专家，还需要是业务专家，是 Business Consultant。

三、响应模型

在公司营销活动中，使用最为频繁的一种预测是响应模型。响应模型的目标是预测哪些用户会对某种产品或者是服务进行响应，利用响应模型来预测哪些用户最有可能对营销活动进行响应，这样，在以后类似的营销活动时，利用响应模型预测出最有可能响应的用户，从而只对这些用户进行营销活动，这样的营销活动定位目标用户更准确，并还能降低公司的营销成本，以提高投资回报率。

以商业银行为例，对客户个人信息、客户信用卡历史交易情况、客户银行产品等各种数据进行一系列处理与分析，还能利用各种数据挖掘方法对所有商业银行已有客户的信用卡营销响应概率进行预测，通过评估模型的预测效果，选择最适合的模型参数建立完整的数据挖掘流程，就可以给出每个客户对信用卡宣传活动的响应度，并同时可以得到对应于不同的响应度的客户群的特征。

客户营销响应模型的优势在于它能根据客户历史行为客观地、准确地、高效地评估客户对信用卡产品是否感兴趣，让营销人员更好地细分市场，进而准确地获取目标客户，也可以提高业务管理水平和信用卡产品盈利能力。

四、客户分类

企业如果要实现盈利最大化，需要依赖两个关键战略：确定客户正在购买什么，如何以有效的方式将产品和服务传递给客户。大多数企业都没有通过客户细分来识别和量化销售机会，企业的不同部门可能会从不同的角度试图去解决这个问题，如，营销部门评估客户需求，财务部门看重产品的盈利能力，人力资源部门制定销售人员的激励计划等，但是这些专业分工没有充分地把他们努力集成，产生一种有效的营销方法。没有准确的客户定位，没有对目标客户的准确理解，稀缺的营销资源被投放在无效的、没有针对性的计划上，通常不能产生预期的效果，并浪费了大量的资源。客户细分能够帮助企业有效调动各种营销资源，协调不同部门的行动，为目标客户提供满意的产品和服务。

客户细分（Customer Segmentation）是指按照一定的标准将企业的现有客户划分为不同的客户群。通过客户细分，公司就可以更好地识别客户群体，区别对待不同的客户，采取不同的客户保持策略，才可以达到最优化配置客户资源的目的。然而传统客户细分的依据是客户的统计学特征（如客户的规模、经营业绩、客户信誉等）或购买行为特征（如购买量、购买的产品类型结构、购买频率等）。这些特征变量有助于预测客户未来的购买行为，这种划分是理解客户群的一个良好开端，但还远远不能适应客户关系管理的需要。

但是近年来，随着 CRM 理论的发展，客户细分已经成为国内外研究的一个焦点。为了突破传统的依据单一特征变量细分客户的局限，很多学者都在从不同角度研究新的客户细分方法。在此将这些细分方法归纳为两大类：基于价值的客户细分和基于行为的客户细分，并引入 V-NV 的二维客户细分方法。

（一）基于价值的客户细分

基于价值的客户细分（Value-based Segmentation）首先是以价值为基础进行客户细分的，以盈利能力为标准为客户打分，企业会根据每类客户的价值制订相应的资源配置和保持策略，将较多的注意力分配给较具价值的客户，有效改善企业的盈利状况。

早在数据库营销中，就能够借助两种最基本的分析工具证实了并非所有客户的价值都相等。一是“货币十分位分析”，把客户分为 10 等份，分析某一段时间内每 10% 的客户对总利润和总销售额的贡献率，这种分析验证了帕累托定律，即 20% 的客户带来 80% 的销售利润；

二是“购买十分位分析”，把总销售额和总利润分为 10 等份，显示有多少客户实现了 10% 的公司利润。这种分析显示实现公司 10% 的销售额仅仅需要 1% 的客户就够了。这些规律的客观存在表明价值细分的有效性。

1. 基于盈利能力的细分

在以价值为基础的细分方法上，营销人员可以当前盈利能力和未来盈利能力为标准为客户打分数，然后再根据分数的高低来细分市场，针对不同价值的细分市场制定不同的客户保持策略。

基于盈利能力的细分方法通过评估客户盈利能力来细分客户，体现了以客户价值（客户为企业创造的价值）为基础的细分思想，有利于制定差别化的客户保持策略。然而无论是当前盈利能力还是未来盈利能力都不能全面反映客户的真实价值。由于客户关系是长期的和发展的，客户的价值应该是客户在整个生命周期内为企业创造的全部价值，而不仅仅是某一阶段的盈利能力。

2. 客户价值细分

客户价值细分的两个具体维度是客户当前价值和客户增值潜力。每个维度分成高、低两档，由此可将整个客户群分成四组，细分的结果可用一个矩阵来表示，称为客户价值矩阵。其中，客户当前价值是假定客户现行购买行为模式保持不变时，客户未来创造的利润总和的现值。可以简单地认为，客户当前价值等于最近一个时间单元（如月 / 季度 / 年）的客户利润乘以预期的客户生命周期长度，再乘以总的折现率。客户增值潜力是假定通过采用合适的客户保持策略，然后再促使客户购买行为模式向着有利于增大对公司利润的方面发展时，公司增加的利润总和的现值。客户增值潜力是决定公司资源投入预算的最主要依据，它取决于客户增量购买（up-buying）、交叉购买（cross-buying）和推荐新客户（refer a newcustomer）的可能性和大小。

客户价值细分以客户的生命周期利润作为细分标准，能够更科学地评价客户的价值。但是，客户价值细分的两个细分维度，客户当前价值和客户增值潜力的测算都是以客户关系稳定为基本前提的。然而现实的客户关系是复杂多变的，绝对的稳定关系是不存在的。因此，仅仅依据客户生命周期利润细分客户，不考虑客户关系的稳定性，也就不能衡量客户关系的质量，这样会极大增加资源配置的风险。

（二）基于行为的客户细分

每个客户和每个市场，对于满意度和忠诚度的不同促进因素将会做出不同的反应，通过对客户行为的测量，就能够确定哪些是急需改进的因素，而不是把各细分市场平均化，这样就可以体现出关系营销战略的优先顺序法则。

1.RMF 分析

RMF 分析是广泛应用于数据库营销的一种客户细分方法。R（Recency）指上次购买至今之期间，该时期越短，则 R 越大。通过研究发现，R 越大的客户越有可能与企业达成新的交易。R 越大，企业保存的该客户的数据就越准确，因为企业拥有的数据会迅速失效，每隔一年约有 50% 的信息变得不准确。M（Monetary）指在某一期间购买的金额。M 越大，就越有可能再次响应企业的产品与服务。F（Frequency）指在某一期间购买的次数。交易次数越多的客户越有可能与企业达成新的交易。

RMF 分析的所有成分都是行为方面的，应用这些容易获得的因素，能够预测客户的购买行为。然后进行 RMF 分析，所有的客户记录都必须包含特定的交易历史数据，并准确标号。RMF 分析给客户的每个指标打分，然后计算 R×F×M。在计算了所有客户的 R×F×M 后，把计算结果从大到小排序，前面的 20% 是最好的客户，企业应该尽力留住他们；后面 20% 是企业应该避免的客户；企业还应大力投资于中间 60% 的客户，使他们向前面的 20% 迁移。向上迁移（Migrateup）的客户提高了他们的消费量和忠诚度。此外，企业应关注那些拥有与前面 20% 的客户相同特性的潜在客户。

RMF 分析是一种有效的客户细分方法。在企业开展促销活动后，重新计算每个客户的 RMF，对比促销前后的 RMF，可以清楚地看出每个客户对于该活动的响应情况，为企业开展更加有效的营销提供可靠的依据。其缺点是分析过程复杂，需要花费很多时间，而且细分后得到的客户群过多，如，每一种变量使用三个值就会得到 27 个客户群，以至于难以形成对每个客户群的准确理解，也就难以针对每个细分客户群制定有效的营销策略。

2. 基于客户忠诚的细分

在以行为为基础的细分中，客户忠诚度是一个关键变量。忠诚客户群体带来的销售额和盈利水平对公司至关重要。最具代表性的是研究者把忠诚分成态度忠诚和行为忠诚两个维度。有研究结果认为，只有当重复购买行为伴随着较高的态度取向时才产生真正的客户忠诚。可以依据重复购买的程度和积极态度的强度把客户分为四类：最佳客户、必须投资的客户、保留客户和最糟糕的客户。

客户忠诚度可以反映客户关系的稳定性，通过测量客户忠诚度，就可以有效地评价客户关系的质量。因此，基于忠诚的客户细分实质上是依据客户关系的质量来细分客户，据此可以制定出更有效的客户保持策略。然而这种细分方法没能区分客户的价值，可能还会误导客户保持策略（对没有价值的客户投入过多而造成利润损失）。

综上所述，基于价值的客户细分很好地区分了客户价值，却忽略了客户关系的质量；基于行为的客户细分很好地区分了客户关系的质量，却忽略客户价值。

（三）客户细分和聚类分析

以上的研究给出了分别从价值和行为两个维度对客户进行细分，但这些细分的方法都是定性的细分方法或只从少数几个变量对客户进行细分，细分的结果具有大量的主观因素，客户矩阵的划分中缺乏定量细分。然后结合数据挖掘的聚类分析，可以将客户的行为或价值的变量作为聚类分析的维度，将每个客户的大量数据输入数据挖掘软件，进而由系统根据 K-Means 的算法自动形成不同的客户类或群。这样数据挖掘将能实现客户的细分，并且能获得影响客户分群的最重要的变量——聪明变量（Smart variables），这样既定量化实现了客户的分群又进行了业务的解释。

传统的聚类分析实现客户的细分只是将所有变量次输入系统中形成在 N 维空间的客户分群结果，这样对于业务的解释和理解并不是很强，也就是说，我们知道很多客户聚集形成了某个特定的客户群，但为什么能形成这样的聚类，我们并不能完全理解。由此，在此提出按照矩阵分类的原理，分别从客户的价值维度（Value）和非价值维度（Non-Value）对客户进行聚类，然后再形成矩阵进行交叉得出客户分群的思路。

鉴于客户细分方法的特点，再根据矩阵分类的原理，对客户采取基于价值（V）维度和非价值（NV）维度分别进行客户分群，然后将两次分群的结果在X-Y两维平面进行叠加，最后确定客户分群的结果。这样既考虑客户的价值又理解客户的非价值的消费行为，两个维度的有效结合将使我们对客户的理解更加深入。

第五节　大数据时代信息化教学的改革要点

一、大数据变革教育的第一波浪潮：翻转课堂、MOOC和微课程

大数据变革思维方式和工作方式为信息化教学变革创造了现实条件翻转课堂、MOOC 和微课程就是大数据变革教育的第一波浪潮。

（一）翻转课堂触摸教育的未来

翻转课堂起源于美国，有两个差不多同时启动的经典范本：一个源于科罗拉多州林地公园高中两位科学教师的探索，还有一个源于孟加拉裔美国人萨尔曼·汗的实验。两个范本都采取让学习者在课前学习教学视频，在课堂上完成作业、工作坊研讨或做实验的方式，教师则在学生做课堂作业遇到困难的时候给予他们一对一的个性化指导。结果，学生成绩提高，学习信心也有所增强，学生、家长和教师的反馈都非常肯定。

特别是萨尔曼·汗的翻转课堂实验，揭示了人性化学习的重要原理，颠覆了夸美纽斯以来的传统课堂教学结构，突显提升学习绩效的价值，被比尔·盖茨称为“预见了教育的未来”。

萨尔曼·汗发现了产生“学困生”的真实原因。在传统教学模式环境中，学生经历听课、家庭作业、考试，无论得 70 分还是 80 分，得 90 分还是 95 分，课程都将进入下一个主题。即使得到 95 分的学生，也还有 5 分的困惑没有解决，在原有的困惑没有解决的情况下，建立下一个概念将增加学生的困惑。那种只管要学生快速向前，不管他们面临的“瑞士奶

酪式的保证通过原有基础继续建构的间隙”的传统教学模式，其效果适得其反。

翻转课堂创造了人性化的学习方式。学生在家观看教学视频，可以根据个人需要有一个自定进度的学习。即按照自己的节奏、步骤、速度或方式，随意地暂停、倒退、重复和快进。如果忘记了较长时间之前学习的内容，还可以通过观看视频获得重温。萨尔曼·汗发现，那些在某个或某些概念上多用一点点额外时间的孩子，一旦理解了概念，就会很快进步。

人性化学习的另一个方面是教师为学有困惑的学生适时给予个性化指导：由于学习者在课前通过教学视频学习新知识，于是，课堂成为学生当堂做作业、工作坊研讨或做实验的场所。学生做作业的时候，教师通过“学习管理平台”，及时发现学有困惑的学生，并立即介入给予一对一的指导，进而解决了忽视学习中的“瑞士奶酪式”间隙、“一个版本”针对所有对象讲课造成的问题，效果非常好。

翻转课堂凸显大数据促进信息化教学变革的重要性。关联物之间的相关关系分析方法，被萨尔曼·汗成功地移植到教育领域，他开发软件帮助教师发现需要帮助的学生就是大数据预测的成功范例。

在洛斯拉图斯学区的实验中，教师可通过学习管理平台了解每一位学生的学习状况。在这个管理平台上，每一行反映一个学生的学习情况，每一列是一个概念。每个概念有绿、蓝、红三种颜色。绿色表示学生已经掌握，蓝色表示他们正在学，红色表示他们在设定的时间内还没有完成学习。这样，把学生作业时间、完成作业与否、是否遇到困惑与三种颜色关联起来，让电脑快速处理，即时呈现在屏幕上，教师一眼望去就能预判学生学习情况，快速发现需要帮助的学生，并及时对他们进行有针对性的个性化指导。因此，产生“学困生”的可能性大幅降低。

（二）MOOC 风暴来袭放大翻转课堂效应

受翻转课堂“用视频再造教育”的启发，2012 年，MOOC 开始井喷，领军的三驾马车是源于斯坦福的 Coursera.Udacity 以及由麻省理工学院与哈佛大学联合创办的 edXo。

选修 MOOC 可以取得学分，还可以充实生活与职业生涯。斯坦福大学 Sebastian Thrun 与 PeterNovig 教授的“人工智能导论”课程。有来自 190 个国家超过 16 万人注册学习，最终有 2.3 万人完成整个课程学习。如果仅仅从通过率来考察，14.375% 的合格率似乎根本无法与传统课堂教学的合格率相匹敌。但是，假如从单门课程合格人数的绝对值考察，那么，2.3 万人合格的绝对数，绝对在任何一个名校史上都是伟大的创举。

哈佛大学和麻省理工学院强调进入 MOOC 是为了改善课堂教育，而不是取代课堂教育。麻省理工学院校长苏珊·霍克菲尔德认为，“在线教育不是住宿制学院教育的敌人”，而是“令人鼓舞的教育解放联盟”。在麻省理工学院，选修 MOOC 的学生必须在有监考老师的教室中进行测试，麻省理工学院从事材料科学与工程研究的 Michael J.Cima 教授使用来自 MOOC 的数据进行平行分析，研究结果令他惊讶，“证据表明，在线学习效果可能比在教室内的学习效果更好”，他已考虑将 MOOC 教学中的一些自动评估工具带到传统课堂教学课程中去。目前，三家主流机构的课程加起来已经超过 230 门，大部分为理工类课程。在英国，爱丁堡大学和伦敦大学加入了 Coursera，伯明翰大学、卡迪夫大学、伦敦国王学院、兰卡斯特大学、开放大学、布里斯托大学、东英格利亚大学、埃克赛特大学、利兹大学、南安普敦大学、圣安德鲁斯大学、沃里克大学等12所院校联合组建了新的MOOC平台：Future Learn LTD。英国一份题为《雪崩来了》的报告指出，全球高等教育领域正在发生一场前所未有的革命，主要驱动力就是网上大学的兴起，对此，英国的大学再也不能无动于衷。

面对全球性的MOOC浪潮，中国的大学也开始行动。进入2013年后，上海市推出“上海高校课程资源共享平台”。从3月3日起，上海市30所高校的学生可以在平台上选课，复旦大学“哲学导论”等7门课程实行校际学分互认。虽然这7门课程目前针对学历教育，但是课程强调学习过程，融入了作业、考试、论文、讨论组研讨和承认学分等评价机制，与MOOC非常类似，是中国大学开始MOOC行动的先声。

2013年5月，清华大学、北京大学加盟edX，清华大学将配备高水平教学团队与edX对接，前期将选择4门课程上线，面向全球开放，其中电路课在线教育已做了小规模实验，成为热门候选。北京大学目前已有14门课程进行了申报，覆盖文理多个学科门类，最终推出的课程将于今年9月上线。北京大学推出edX后，如果校内学生选修相关课程，就多了一个“edX”课堂。

MOOC的兴起，使萨尔曼·汗“用视频再造教育”的学习模式迅速推广到高等教育，而且进展到可以通过选修MOOC获得学分、进入正轨教育的程度。高等教育变革向来会影响基础教育实践，微课程就是来自我国中小学校的回应。

（三）微课程兴起：回应翻转课堂和 MOOC 浪潮

与 MOOC 一样，微课程灵感来源于可汗学院的翻转课堂实验，利用微课程资源，学生可以在家自主学习。如果，学有困惑，可以暂停、倒退、重放，方便个性化地达成学习目标。实在不能解决的问题可以记录下来，方便教师提供指导，在课堂上则可以通过作业、实验、工作坊等活动内化所学知识，很有翻转课堂中国化的味道。

微课程灵感还与视觉驻留规律有关。通常一般人的注意力集中的有效时间在 10 分钟左右。MOOC 的制作者借鉴萨尔曼 · 汗的成功做法，通常把视频的长度限定为 8 到 12 分钟，并且会在中途暂停数次，还增加了测试与互动，以避免视觉听觉疲劳。中小学用于“前置学习”的微课程教学视频，是学生自主学习不可或缺的资源，尤其强调遵循视觉驻留规律，避免因视觉、听觉疲劳而降低学习效度。

目前，微课程已开始影响我国中小学信息化教学实践。去年 9 月，教育部教育管理信息中心举办第一届“中国微课大赛”。2013 年 5 月，由中国教育技术协会、全国高等学校现代远程教育协作组、中国学习与发展联席会联合举办的首届“全国微课程大赛”启动两大全国性大赛竞相登场，为微课程变革信息化教学推波助澜，昭示出微课程影响基础教育的趋势。

微课程迅速发展与大数据创新发展的方向是一致的。目前，广东、上海、江苏、浙江、山东、山西等十多个省、市、自治区纷纷开展微课程实践。微课程实践的积累，这无疑将导致微课程群的形成，微课程群的应用又会形成新的应用数据，将有利于大数据分析与挖掘、发现与预测的创新应用。

二、大数据促进信息化教学变革：新的资源观、教学观和教师发展观

翻转课堂和微课程的显著特征是信息化教学前移。与此相适应，新的资源观、教学观、教师发展观在大数据浪潮中应运而生。

（一）新资源观：变教师上课资源为学生学习资源

以往的资源建设积累了丰富的教育资源，但仍无法满足教学工作的需求。其原因并不在于资源匮乏，而是资源选择的个性化。由于教师对教学内容的理解不同，技术偏好不同，审美习惯不同，教学风格或教学特长不同，以及资源占有情况不同，导致对资源的选择也会不同，即资源选择具有鲜明的个性化色彩。这种个性化色彩是导致同题异构的直接原因，也是“教学有法，各有各法”的生动体现。因此，没有公司或组织有能力开发适用于所有教师的资源，尽管资源总量已经可以用海量来描绘。

更大的问题在于：这些资源就总体而言，属于为教师教学准备的课件资源，主要是为教师为中心的传统教学方式服务的，很难服务于培养创新人才。其性质属于传统资源观。

从大数据的观点看，只有用户无限扩展的资源才是有前途的资源。在信息化教学领域，只有学生才具有这种“无限扩展”的“用户”的意义。翻转课堂、MOOC 和微课程的兴起，不仅为信息化教学打开了新的视野，而且昭示我们，大数据时代应当告别传统的以教师教学为中心的资源观，代之以大力开发学生自主学习用微课程资源的新资源观。

大数据时代的新资源观倡导智慧拥有云资源，这是因为，在云计算和大数据背景下，信息资源是以海量形式存储于“云”上的。一般来说，无论文本、视频、音频、动画，只要输入关键词，都能十分方便地找到比较难找的图片资源，采用“意象化感悟”法便能够方便地找到，办法是先根据教学需要在头脑中形成所需具象，再给具象一个关键词，形成意象，然后把关键词输入搜索栏，就能找到并优选自己所需要的图片资源。

（二）新教学观：信息化教学前移

1. 信息化教学前移的心理学依据：一对一效应

通常教师为缺课学生补课，45 分钟的课堂教学内容最多只需要 20 分钟就可以完成。这是因为，在一对一的补课中，学生对教师特别感恩，因此学习态度特别诚恳，受环境干扰最少，注意力特别集中，所以，“一对一教学”效率特别高。

翻转课堂和微课程等新型信息化教学的显著特征是“人机一对一”，只要微课程有足够的重要性或趣味性，学生在“人机一对一”的互动过程中也会注意力特别集中，从而取得成效。江苏省昆山市朝阳小学尝试让学生事先观看教师制作的视频，在课堂教学一开始就开展测评，据现场观察表明，学生在测试面前显得自信，新授课像是复习课，说明学生在从事“人机一对一”学习时，注意力和思维力都保持了良好的状态。

2. 信息化教学前移的理论依据：人性化学习理论

信息化教学前移的灵感来源于萨尔曼·汗创造的“用视频再造教育”的云时代学习方式。这种学习方式以人性化学习理论为指导，让学生有一个自定进度的学习，遇到有困惑的地方，可以重复观看教学视频，使不同的学生可以用不同的时间通过“瑞士奶酪式的保证通过原有基础继续建构的间隙”，直达学习目标；如果学习仍然有困惑，则有教师在课堂上进行一对一的个性化指导，帮助需要帮助的学生，从而提高学习质量。

3. 信息化教学前移的实践优势：自主学习卓有成效，教学创新有了新空间

在江苏省苏州市的信息化教学前移实践中，教师事先根据不同年龄段学生的特点设计了供学生课前学习使用的“自主学习任务单”，还制作了适合学生自主学习的教学视频与之配套使用，促使自主学习有任务、有测评、有目标、有动力、有成效。根据“自主学习任务单”的要求，学生在家观看教学视频，完成基本的评测任务，可以根据个人学习特点，自定学习进度。有困惑的地方可以暂停、倒退，或者重播，即按照自己的节奏、步骤、速度或方式学习。这些可有效避免了课堂教学中教师一个版本面对所有对象讲课的弊端，有利于根据个人情况完成学习，夯实基础，减少“学困生”在新的课堂教学开始的时候，所有学生都大致站在同样的基础上。

参加实验的教师惊喜地发现，现场测评情况大大超过预想，学有困惑的学生内化知识的质量较之于传统教学方式要好得多。实验改变了教师原来认为学生不会自学的看法，他们发现，信息化教学前移，可以更好地发掘学生的学习积极性和提供更多的内化知识的课堂教学时间，进而为教学创新提供新空间。在教学结构翻转了的课堂上，学生有足够的时间商讨难点，既内化知识，又学会协作学习，既发展人际交往能力，又收获学习成就感。

（三）新教师发展观：新素养、新“微格”、新职能——转型呼之欲出

1. 发展教学新素养

信息化教学前移的载体是微课程学习方式。微课程是将原有课程按照学生的学习规律，将其分解成为一系列包括目标、任务、方法、资源、作业、互动与反思等在内的微型课程体系。从操作层面看，需要教师精心设计“自主学习任务单”及其配套的可供学生自主学习的教学资源。这些教学资源可以用录屏软件、写字板、数位板、交互式电子白板软件、PPT（配精讲或不配讲）、录像（各类摄像机、带摄像功能的照相机、手机 + 纸笔）等技术方式制作，但是，最终成品在技术上都应该采用视频格式，以方便学生暂停或反复观看。

因此，除了传统的教学功底之外，还要求教师在信息化教学、可视化教学、视听认知心理学、视音频技术、艺术修养和批判性思维等方面有一定修养。这些新的教学素养与传统教学素养融为一体，构成系统最优化教学的备选项，从而扩展教师关于教学最优化的视野，增强教师实施教学最优化的能力，促进教师专业素养新提升，正如与微课程同源的 MOOC 的教学实践者、美国杜克大学物理学和数学副教授诺能·普莱士感慨而言：“与我十年校园教课的经历相比，我发现录制视频讲座刺激着我的教学到一个更高的水平。”

2. 养成“新微格”常态化反思习惯

信息化教学前移学习模式，要求教师事先设计“自主学习任务单”和制作教学视频教学视频实际上是浓缩精华的微型课，简称微课。经观

察与询问，发现几乎所有的教师在制作微课之后，都会播放审查，既欣赏自己的劳动成果，又寻找瑕疵并立即着手修改。

这样一个制作与自审的过程，与通过微格教室录课、切片、反思与研讨的过程极为相似。于是我们可以发现，只要一台电脑、一套耳麦，就可以录制微课并自省，即相当于人人有一个微格教室。我们将这种信息化教学前移导致的"一个教师一个微格教室"的格局称为"新微格"。"新微格"的特征是变"贵族"微格教室为可移动的"平民"微格教室，实现教学反思常态化，进而促进教师专业发展日日精进。

3. 从"演员"到"导演"，教师新职能呼之欲出

在信息化教学前移的环境下，教师不再需要去"演"完剧本。教案重要的是精心设计好"自主学习任务单"，准备好发展自主学习能力的教学视频（必要的话，还需要准备好发展高级思维能力的其他学习资源），设计好主体为学生的课堂创新学习形式，准备好在课堂上指导学有困惑的学生和提高学习深度。实际上，设计"自主学习任务单"就是教师指导学生自主学习，准备好教学视频就是帮助学生自主学习，课堂上指导学有困惑的学生和拓展学习深度则直接体现"指导者"的职能。于是，我们可以清晰地发现，在信息化教学前移的前提下，教学职能的重心从讲课转变为设计、组织、帮助与指导。因此，信息化教学前移成为帮助教师从"演员"向"导演"转型提升的绝佳良方。

这种"转型"是否具有现实基础呢？2013 年 7 月第十一届全国中小学信息技术创新与实践活动（NOC）网络教研团队竞赛给出了肯定的答案，网络教研团队竞赛是一项反映"过程"的赛事，参赛教师要经历信

息化教学设计、评价教学设计、修改完善教学设计、陈述与答辩四个竞赛阶段。在往届信息化教学设计中，竞赛题只规定设计课题，并提供课文内容。这种情况下，绝大部分教师习惯于设计“教师为中心”的教学方案，设计“学生为中心”教学方案的总在少数，今年赛项组织者以命题为导向，引导参赛教师设计“学生为中心”的教学方案，获得成功。

三、大数据促进信息化教学改革的关键

（一）明确信息化教学目标为科学性和弹性化

教学目标为信息化，指的就是教师要准确地理解信息技术的作用和地位，信息化教学改革必然会利用新兴的媒介，因此，传统教学环境和模式就会发生很大的变化。信息化教学的本质目标就是有效提高学生的学习成绩，其主体对象就是学生，要让学生真正地“学会”，促进教学活动开展下去。具备科学的教学目标，教学目标要具有一定的弹性，主要目的就是将当前的教学实效进行有效的提升。信息化教学要不断追求高效教学的目标，信息化教学目标的落实情况和规划设计存在一定的差距。因此教学目标就一定要具备弹性，这样一来，将信息化教学的新模式充分发挥出来，便可将信息化教学的优势充分凸显出来。

（二）信息化教学情境要具备协调性和流畅性

信息化教学在创设全新的情境的时候，需要将信息化教学要素的具体特征和实际情况进行有效结合，并且要始终保持很高的协调性。教学目标在设置的过程中，要着重将育人的目标凸显出来，信息技术的教学作用不能夸大教学内容在实际筛选的过程中，要结合不同的教学内容，

从而选择出相应的信息技术，为学生创设出贴切的教学情境，要有效协调其他要素。如果教学要素发生任何变化，都会导致所创设的教学情境随之发生变化，这样一来，信息化的高度协调性才会得到保障。针对信息化教学，创设出全新的情境，将传统的教学观念进行有效的革新，促使传统的教学方式进行调整，将传统的评价手段进行有效的改进。

信息化教学要具备较高的协调性，信息化教学情境要进行有效的创设，这样一来实践过程才具备流畅性，这对于教师的教学水平和专业知识技能具有很高的要求。教师的教学水平比较高超，其专业知识比较扎实，在实际教学过程中，才可以使教学氛围变得更加轻松活跃，让学生积极配合自己的教学活动，从而可以真正地参与到实际教学活动当中。

（三）信息化教学策略要具有合理性和灵活性

教师利用教学策略，开展信息化教学活动，为了达成学习目标，进而采取有效的教学设计，在信息化教学活动当中，教师所采用的教学方法和使用的教学技能都属于教学策略。教师在设计信息化教学策略的时候，教学设计要有效结合教学规律，这样设计出来的教学策略才会更加有效。教师制定的教学策略要具备合理性和可行性，教学当中的各种影响因素都要进行有效的兼顾，制定的教学策略要和教学目标有效结合，实际教学环境和学生情况要进行有效的结合，将教学设计的教学优化作用充分发挥出来。

信息化教学的开展情况是比较多变的，预先设计好的教学方案很有可能无法得到有效的落实，可能会具备一定的困难和阻碍：在制定教学策略的时候，需要具备一定的灵活性和创造性，以具体的信息化教学情况进行有效的结合，选择最适合的教学策略，还要准备好替补方案，使教学活动可以有效开展。

四、大数据背景下信息化教学改革策略

在大数据及信息化技术的推动下，各院校纷纷推进数字校园和智慧校园的建设，旨在搭建完善的信息技术平台，将学校管理、科研管理、后勤服务加以整合、打造数字化、信息化校园，促进教学实效性的提升，全面提高学校的教学、科研、社会服务水平。为了推动信息化教学改革，应从如下几点着手。

（一）增强信息化平台建设，深化教学方法的创新

作为教学改革的核心，教学方法的创新关乎学校教学质量的提升，因此，应注重结合素质教育和创新教育等战略方针的指引，探索多样化、高效性的教学方法，将信息技术全面引入教学工作中，推进现代化教学理念，切实提升教学实效性。对于教学方法功能而言，应促进其由教给知识朝着教会学习方向转变；就教学方法结构而言，应由讲解朝着讨论、研究方向转变；就教学方法运用方面而言，应由传统方式朝着现代化教育技术的应用方向转变。具体应用教学方法时，应注重加强信息化平台建设与利用、为学生构建可供交流、研讨、自主学习、实践探索的平台，全面开启研究、启发、开放式教学。

（二）增强问题意识，着力促进教学内容的改革

在如今这个大数据时代，教学内容不仅是最基础的内容，也是信息化教学改革的重点所在。高质量教学内容不是简单的课本修补，而是把

教学课程和信息技术深度结合起来，从而实现教学内容的信息化。完整性和系统性不是教学内容应该追求的目标，应用性和针对性才是改善教学内容的根本所在。因此，必须从学生角度出发，着力解决他们的思维能力和解决问题能力。突出问题意识，在改革教学中以解决问题需要为基础，强化问题意识，思考、研究和解决问题，确实提高学生知识掌控能力和综合素养。

（三）树立资源开发与共享意识，推进信息化平台的构建

学校应充分认识到资源共享、开发与利用的重要性和必要性，切实推进信息化平台的构建，为资源开发、利用、共享提供平台。一方面，学校应加快推进微课和精品课程的建设，还应注重引进现代化教学软件，构建数据库，从而促进资源、信息的共享。随着教师、学生需求的日趋多样化，学校应搭建信息化平台，并提供更全面、丰富的资源信息。另一方面，应加快促进基础设施建设，完善基本服务。全力打造现代化校园网，提供诸如有线网络、Wi-Fi 服务、信息平台二维码、学校信息平台微信等基础网络服务功能，为学生、教师提供完善的信息化环境。此外，还应促进系统信息的共享。注重提供人力资源、学生信息、精品课程信息、教学信息、文献资源信息、就业库等信息查询服务，同时还要注重实现同校园网的连接，完善互联网资源整合，全面提升数据共享程度。注重搭建师生信息库，提供多种类型的教学资源、网络课程、专业资源信息库等服务，同时，利用大数据技术，对此类数据加以整合，促进应用扩展。

第三章　大数据应用的模式和价值

第一节　大数据应用的一般模式

数据处理的流程包括产生数据，收集、存储和管理数据，分析数据，利用数据等阶段。大数据应用的业务流程也是一样的，包括产生数据、聚集数据、分析数据和利用数据4个阶段，只是这一业务流程是在大数据平台和系统上执行的。

一、产生数据

在组织经营、管理和服务的业务流程运行中，企业内部业务和管理信息系统产生了大量存储于数据库中的数据，这些数据库均对应着每一个应用系统且相互独立，如，ERP数据库、财务数据库、CRM数据库、人力资源数据库等。在企业内部的信息化应用中也产生了非结构化文档、交易日志、网页日志、视频监控文件以及各种传感器数据等非结构化数据，这是在大数据应用中可以被发现潜在价值的企业内部数据。企业建立的外部电子商务交易平台、电子采购平台、客户服务系统等帮助企业产生了大量外部的结构化数据。企业的外部门户、移动App应用、企业视频分享、外部传感器等系统帮助企业产生了大量外部的非结构化数据。

二、聚集数据

企业架构（EA）的3个核心要素是业务、应用和数据，业务架构描述业务流程和功能结构，应用架构描述处理工具的结构，数据架构描述企业核心的数据内容的组织。企业内外部已经产生了大量的结构化数据、非结构化数据，因此需要将这些数据组织和聚集起来，建立企业级的数据架构，有组织地对数据进行采集、存储和管理。首先实现的是不同应用数据库之间的整合，这需要建立企业级的统一数据模型，实现企业主数据管理。所谓主数据是指企业的产品、客户、人员、组织、资金、资产等关键数据，通过这些主数据的属性及它们之间的相互关系能够建立企业级数据架构和模型。在统一模型的基础上，利用提取、转换和加载（ETL）技术，将不同应用数据库中的数据聚集到企业级的数据仓库（DW），进而实现企业内部结构化数据的集成，这为企业商业智能分析奠定了一个良好的基础。面对企业内外部的非结构化数据，借助数据库和数据仓库的聚集，其效果并不好。文档管理和知识管理是对非结构化文档进行处理的一个阶段，仅限于对文档层面的保存、归类和基于元数据的管理。更多非结构化文档的集聚，需要引入新的大数据的平台和技术，如，分布式文件系统、分布式计算框架、非SQL数据、流计算技术等，通过这些技术来加强非结构数据的处理和集聚。内外部结构化和非结构化数据的统一集成则需要实现两种数据（结构化、非结构化）、两种技术平台（关系型数据库、大数据平台）的进一步整合。

三、分析数据

集成起来的各种企业数据是大容量、多种类的大数据，分析数据是提取信息、发现知识、预测未来的关键步骤。分析只是手段，并不是目的。企业内外部数据分析的目的是发现数据所反映的组织业务运行的规律，是创造业务价值。对于企业来说，可能基于这些数据进行客户行为分析、产品需求分析、市场营销效果分析、品牌满意度分析、工程可靠性分析、企业业务绩效分析、企业全面风险分析、企业文化归属度分析等；对于其他事业机构，可以进行公众行为模式分析、经济预测分析、公共安全风险分析等。

四、利用数据

数据分析的结果不仅仅是呈现给专业做数据分析的数据科学家，而是需要呈现给更多非专业人员才能真正发挥它的价值，客户、业务人员、高管、股东、社会公众、合作伙伴、媒体、政府监管机构等都是大数据分析结果的使用者。因此，大数据分析结果应当以不同专业角色、不同地位人员对数据表现的不同需求提供给他们，或许是上报的报表、提交的报告、可视化的图表、详细的可视化分析或者简单的微博信息、视频信息。数据被重复利用的次数越多，它所能发挥的价值就越大。

第二节　大数据应用的业务价值

维克托·迈尔·舍恩伯格认为大数据的重要价值在于建立数据驱动的关于大数据相关关系的分析，而独立在相关关系分析法基础上的预测是大数据的核心。大数据让我们知道“是什么”，也许我们还不明白为什么，但对瞬息万变的商业世界来说，知道是什么比知道为什么更为重要。大数据应用真正要实现的是“用数据说话”，而不是直觉或经验。总结起来，大数据应用的业务价值在于3个方面：一是发现过去没有发现的数据潜在价值；二是发现动态行为数据的价值；三是通过不同数据集的整合创造新的数据价值。

一、发现大数据的潜在价值

在大数据应用的背景下，企业开始关注过去不重视、丢弃或者无能力处理的数据，并从中分析潜在的信息和知识，然后将其用于以客户为中心的客户拓展、市场营销等。例如，企业在进行新客户开发、新订单交易和新产品研发的过程中产生了很多用户浏览的日志、呼叫中心的投诉和反馈，这些数据过去一直被企业所忽视，通过大数据的分析和利用，这些数据能够为企业的客户关怀、产品创新和市场策略提供非常有价值的信息。

二、发现动态行为数据的价值

通常以往的数据分析只是针对流程结果和属性描述等静态数据，在大数据应用背景下，企业有能力对业务流程中的各类行为数据进行采集、获取和分析，包括客户行为、公众行为、企业行为、城市行为、空间行为、社会行为等。这些行为数据的获得，是根据互联网、物联网、移动互联网等信息基础设施所建立起来的对客观对象行为的跟踪和记录。这就使得大数据应用可能具备还原“历史”和预测未来的能力。

三、实现大数据整合创新的价值

在互联网和移动互联网时代，企业收集了来自网站、电子商务、移动应用、呼叫中心、企业微博等不同渠道的客户访问、交易和反馈数据，并把这些数据整合起来，形成关于客户的全方位信息，这将有助于企业给客户提供更有针对性、更贴心的产品和服务。随着技术的发展，更多场景下的数据被连接了起来。连接，让数据产生了网络效应；互动，让数据的关系被激活，带来了更大的业务价值。无论是互联网和移动互联网数据的连接，内部数据和社交媒体数据的连接，线上服务和线下服务数据的连接，还是网络、社交和空间数据的连接，等等，不同数据源的连接和互动，都使人类有能力更加全方位、深入地还原和洞察真实的曾经复杂的“现实”。

大数据已成为全球商业界一项优先级很高的战略任务，因为它能够对全球新经济时代的商务产生深远的影响。大数据在各行各业都有应用，尤其在公共服务领域具有广阔的应用前景，如金融、零售、医疗等行业。

四、互联网与电子商务行业

互联网和电子商务领域是大数据应用的主要领域，主要需求是互联网访问用户信息记录、用户行为分析，并基于这些行为分析实现推荐系统、广告追踪等应用。

（一）用户信息记录

在 Web3.0 和电子商务时代，互联网、移动互联网和电子商务上的用户，大部分是注册用户，通过简单的注册，用户便可拥有自己的账户，互联网企业则拥有了用户的基本资料信息，网站具有用户名、密码、性别、年龄、移动电话、电子邮件等基本信息，社交媒体的用户信息内容则更多，如，社交媒体网站中用户可以填写自己的昵称、头像、真实姓名、所在地、性别、生日、自我介绍、用户标签、教育信息、职业信息等信息，在社交媒体网站客户端上可以填写头像、昵称、个性签名、姓名、性别、英文名、生日、血型、生肖、故乡、所在地、邮编、电话、学历、职业、语言、手机等。移动互联网用户的信息与手机绑定，可以获得手机号、手机通信录等用户信息。由于互联网用户在上网期间会留下很多个人信息，如朋友圈中记录关于家庭、爱人、儿女、个人爱好、同学、同事等信息，在互联网企业的用户数据库中的用户信息会越来越完整。

（二）用户行为分析

用户访问行为的分析是互联网和电子商务领域大数据应用的重点。用户行为分析可以从行为载体和行为的效果两个维度进行分类。从用户行为的产生方式和载体来分析用户行为主要包括如下几点。

1. 鼠标点击和移动行为分析

在移动互联网之前，互联网上最多的用户行为基本都是通过鼠标来完成的，分析鼠标点击和移动轨迹是用户行为分析的重要部分。目前国内外很多大公司都有自己的系统，用于记录和统计用户鼠标行为。据了解，目前国内的很多第三方统计网站也可以为中小网站和企业提供鼠标移动轨迹等记录。

2. 移动终端的触摸和点击行为

随着新兴的多点触控技术在智能手机上的广泛应用，触摸和点击行为能够产生更加复杂的用户行为，所以对此类行为进行记录和分析就变得尤为重要。

3. 键盘等其他设备的输入行为

此类设备主要是为了满足不能通过简单点击等进行输入的场景，如大量内容输入。键盘的输入行为不是用户行为分析的重点，但键盘产生的内容却是大数据应用中内容分析的重点。

4. 眼球移动和停留行为

基于此种用户行为的分析在国外比较流行，目前在国内的很多领域也有类似用户研究的应用，通过研究用户的眼球移动和停留等，产品设计师可以更好地了解界面上哪些元素更受用户关注，哪些元素设计得合理或不合理等。

基于以上这 4 类媒介，用户在不同的产品上可以产生千奇百怪、形形色色的行为，因此，就可以通过对这些行为的数据记录和分析更好地指导产品开发和用户体验。

（三）基于大数据相关性分析的推荐系统

推荐系统的基础是用户购买行为数据，处理数据的基本算法在学术领域被称为“客户队列群体的发现”，队列群体在逻辑和图形上用链接表示，队列群体的分析很多都涉及特殊的链接分析算法。推荐系统分析的维度是多样的，例如，可以根据客户的购物喜好为其推荐相关商品，也可以根据社交网络关系进行推荐。如果利用传统的分析方法，需要先选取客户样本，把客户与其他客户进行对比，再从中找到相似性，但是推荐系统的准确率较低。采取大数据分析技术极大提高了分析的准确率。

（四）网络营销分析

电子商务网站一般都记录包括每次用户会话中每个页面事件的海量数据。这样就可以在很短的时间内完成一次广告位置、颜色、大小、用词和其他特征的试验。当试验表明广告中的这种特征更改促成了更好的点击行为，这个更改和优化就可以实时实施。从用户的行为分析中可以获得用户偏好，从而为广告投放选择时机。如，通过用户分析，获悉用户在每天的 4 个时间点最为活跃：早起去上班的路上、午饭时间、晚饭时间、睡觉前。掌握了这些用户行为，企业就可以在对应的时间段做某些针对性的内容投放和推广等。

（五）网络运营分析

电子商务网站，通过对用户的消费行为和贡献行为产生的数据进行分析，可以量化很多指标并服务于产品各个生产和营销环节，如转化率、客单价、购买频率、平均毛利率、用户满意度等指标，进而为产品客户群定位或市场细分提供科学依据。

（六）社交网络分析

社交网络系统（SNS）通常有3种社交关系：一是强关系，即我们关注的人；二是弱关系，即我们被松散连接的人，类似朋友的朋友；三是临时关系，即我们不认识但与之临时产生互动的人。临时关系是人们没有承认的关系，但是会临时性联系的，比如我们在SNS中临时评论的回复等。基于大数据分析，能够分析社交网络的复杂行为，还能够帮助互联网企业建立起用户的强关系、弱关系甚至临时关系图谱。

（七）基于位置的数据分析和服务

很多互联网应用加入了精确的全球定位系统（GPS）位置追踪，精确位置追踪为GPS测定点附近其他位置的海量相关数据的采集、处理和分析提供了手段，从而丰富了基于位置的应用和服务。

五、零售业

零售行业大数据应用需求目前主要集中在客户行为分析，通过大数据分析来改善和优化货架商品摆放、客户营销等。

六、金融业

金融行业应用系统的实时性要求很高，积累了非常多的客户交易数据，因此金融行业大数据应用的主要需求是金融风险分析等。

1. 金融风险分析

在评价金融风险时很多数据源可以调用，如，来自客户经理、手机银行、电话银行服务、客户日常经营等方面的数据，也包括来自监管和信用评价部门的数据。在一定的风险分析模型下，这些数据源可以帮助银行机构预测金融风险。例如，一笔贷款风险的数据分析，其数据源范围就包括偿付历史、信用报告、就业数据和财务资产披露的内容等。

2. 金融欺诈行为监测和预防

账户欺诈是一种典型的操作风险，会对金融秩序造成重大影响。在许多情况下，大数据分析可以发现账户的异常行为模式，进而监测到可能的欺诈。例如，“空头支票”是指钱在两个独立账户之间来回快速转账；特定形式的经纪欺诈牵涉两个合谋经纪人以不断抬高的价格售出证券，直到不知情的第三方受骗购买证券，使欺诈的经纪人能够快速退出；在某些情况下，账户欺诈行为会跨越多个金融系统，金融网站的链接分析也有助于企业发现电子银行的欺诈作案轨迹和痕迹。

保险欺诈也是全球各地保险公司面临的一个挑战。无论是大规模欺诈，例如纵火，或者涉及较小金额的索赔，例如虚报价格的汽车修理账单，欺诈索赔的支出每年可使企业支付数百万美元的费用，而且成本会以更高保费的形式转嫁给客户。

3. 信用风险分析

征信机构益百利根据个人信用卡交易记录数据，预测个人的收入情况和支付能力，防范信用风险。

七、医疗业

医疗行业大数据应用的当前需求主要来自新兴基因序列计算和分析、可穿戴设备的健康数据分析等领域。

（一）基因组学测序分析

基因组学是大数据在医疗健康行业最经典的应用。基因测序的成本在不断降低，还同时产生着海量数据。

（二）可穿戴设备健康数据分析

智能戒指、手环等可穿戴设备可以采集人体的血压、心率等生理健康数据，并把它实时传送到健康云，并根据每个人的健康数据提供健康诊疗的建议。越来越多的用户健康数据的汇聚和分析，将能够形成对一个地区医疗健康水平的分析和判断。

九、能源业

能源行业大数据应用的需求主要有智能电网应用、跨国石油企业大数据分析、石油勘探资料分析和能源生产安全监测分析等方面。

（一）智能电网应用

在智能电网中，智能电表能做的远不只是生成客户电费账单的每月读数。通过将客户读数频率大幅缩短，例如，到每秒每只表一次，可以进行很多有用的大数据分析，包括动态负载平衡、故障响应、分时电价和鼓励客户提高用电效率的长期策略。一家采用智能电表的美国供电公司，每隔几分钟就会将区域内用电用户的大宗数据发送到后端集群当中，集群会对这些数亿条数据进行分析，分析区域用户用电模式和结构，然后根据用电模式来调配区域电力供应。在输电和配电端的传感网络，能够采集输配电中的各种数据，并基于既定模型进行稳态动态暂态分析、仿真分析等，为输配电智能调度提供依据。

（二）石油企业大数据分析

大型跨国石油企业业务范围广泛，涉及勘探、开发、炼化、销售、金融等业务类型，区域跨度大，油田分布在沙漠、戈壁、高原、海洋，生产和销售网络遍及全球，而其IT基础设施逐步采用了全球统一的架构，因此，他们已经率先成为大数据的应用者。

十、制造业

制造业大数据应用的需求主要是产品需求分析、产品故障诊断与预测、精准营销和工业物联网分析等。

（一）产品需求分析

大数据在客户和制造企业之间流动，挖掘这些数据能够让客户自身参与到产品的需求分析和产品设计中，为产品创新做出贡献。

（二）产品故障诊断与预测

无所不在的传感器技术的引入使得产品故障实时诊断和预测成为可能。在波音公司的飞机系统的案例中，发动机、燃油系统、液压和电力系统数以百计的变量组成了在航状态，不到几微秒就被测量和发送一次。这些数据不仅仅是未来某个时间点能够分析的工程遥测数据，而且还促进了实时自适应控制、燃油使用、零件故障预测和飞行员通报功能，进而能有效实现故障诊断和预测。

（三）工业物联网分析

现代化工业制造生产线安装有数以千计的小型传感器，来探测温度、压力、热能、振动和噪声。由于每隔几秒就会收集一次数据，利用这些数据可以实现很多形式的分析，包括设备诊断、用电量分析、能耗分析、质量事故分析（包括违反生产规定、零部件故障）等。

十一、电信运营业

运营商的移动终端、网络管道、业务平台、支撑系统中每天都在产生大量有价值的数据，基于这些数据的大数据分析为运营商带来巨大的机遇。目前来看，电信业大数据应用集中在客户行为分析、网络优化、威胁分析等方面。

（一）客户分析

运营商的大数据应用和互联网企业很相似，客户分析是其他分析的基础。基于统一的客户信息模型，运营商收集来自各种产品和服务的客户行为信息，并进行相应服务改进和网络优化。如，分析在网客户的业务使用情况和价值贡献，分析、跟踪成熟客户的忠诚度及深度需求（包括对新业务的需求），分析、预测潜在客户，分析新客户的构成及关键购买因素（KBF），分析通话量变化规律及关键驱动因素，分析欲换网客户的换网倾向与因素，建立、维护离网客户数据库，开展有针对性的客户保留和赢回。用户行为分析在流量经营中起到重要的作用，用户的行为结合用户视图、产品、服务、计费、财务等信息进行综合分析，得出细化、精确的结果，实现用户个性化的策略控制。

（二）网络分析与优化

网络管理维护优化是进行网络信令监测，分析网络流量、流向变化、网络运行质量，并根据分析结果调整资源配置；分析网络日志，进行网络优化和故障定义。随着运营商网络数据业务流量快速增长，数据业务在运营商收入占比不断增加，流量与收入之间的不平衡也越发突出，智能管道、精细化运营成为运营商突破困境的共识。网络管理维护和优化成为精细化运营中的一个重要基础。传统的信令监测尤其是数据信令监测已经面临瓶颈，以某运营商的省公司为例，原始数据信令达到1TB/天，以文件形式保存。而处理之后生成的xDR（xDetail Record）数据量达到550GB/天，以数据库形式保存。通常这些数据需要保存数天甚至数月，传统文件系统及传统关系数据库处理这么大的数据量就显得捉襟见肘。面对信令流量快速增长、扩展困难、成本高的情况，采用大数据技术数据存储量不受限制，可以按需扩展，同时可以有效处理达PB级的数据，实时流处理及分析平台保证实时处理海量数据。智能分析技术在大数据的支撑下将在网络管理维护优化中发挥积极作用，网络维护的实时性将得到提升，事前预防成为可能。比如，通过历史流量数据及专家知识库结合，生成预警模型，可以有效识别异常流量，防止出现网络拥塞或者病毒传播等异常情况。

（三）安全智能

运营商服务网络的安全监测和预警也是大数据应用的一个重要领域。基于大数据收集来自互联网和移动互联网的攻击数据，提取特征，并进行监测，进而保障网络的安全。

十二、交通业

（一）交通流量分析与预测

大数据技术能促进提高交通运营效率、道路网的通行能力、设施效率和调控交通需求分析。例如，根据美国洛杉矶研究所的研究，通过组织优化公交车辆和线路安排，在车辆运营效率增加的情况下，减少46%的车辆运输就可以提供相同或更好的运输服务。伦敦市利用大数据来减少交通拥堵时间，提高运转效率。当车辆即将进入拥堵地段，传感器可告知驾驶员最佳解决方案，这大大减少了行车的经济成本。大数据的实时性，使处于静态闲置的数据被处理和需要利用时，即可被智能化利用，使交通运行变得更加合理。大数据技术具有较高的预测能力，可降低误报和漏报的概率，针对交通的动态性给予实时监控。因此，在驾驶者无法预知交通的拥堵可能性时，大数据也可帮助用户预先了解。例如，在驾驶者出发前，大数据管理系统会依据前方路线中导致交通拥堵的天气因素，判断避开拥堵的备用路线，并通过智能手机告知驾驶者。北京市就通过交通视频监控数据分析和研判，来确定全市交通状况，并进行智能分析。

（二）交通安全水平分析与预测

大数据技术的实时性和可预测性则有助于提高交通安全系统的数据处理能力。在驾驶员自动检测方面，驾驶员疲劳视频检测、酒精检测器等车载装置将实时检测驾车者是否处于警觉状态，行为、身体与精神状态是否正常。同时，联合路边探测器监察车辆运行轨迹，大数据技术快速整合各个传感器数据，构建安全模型后综合分析车辆行驶安全性，从而可以有效降低交通事故的可能性。在应急救援方面，大数据以其快速的反应时间和综合的决策模型，为应急决策指挥提供辅助，提高应急救援能力，减少人员伤亡和财产损失。

（三）道路环境监测与分析

大数据技术在减轻道路交通堵塞、降低汽车运输对环境的影响等方面有重要的作用。通过建立区域交通排放的监测及预测模型，共享交通运行与环境数据，建立交通运行与环境数据共享试验系统，大数据技术可有效分析交通对环境的影响。同时，分析历史数据，大数据技术能提供降低交通延误和减少排放的交通信号智能化控制的决策依据，建立低排放交通信号控制原型系统与车辆排放环境影响仿真系统。

第三节　大数据应用的共性需求

随着互联网技术的不断深入，大数据在各个行业领域中的应用都将趋于复杂化，人们亟待从这些大数据中挖掘到有价值的信息，然而大数据在这些行业中应用的一些共性需求特征，能够帮助我们更清晰、更有效地利用大数据。大数据在企业中应用的共性需求主要有业务分析、客户分析、风险分析等。

一、业务分析

企业业务绩效分析是企业大数据应用的重要内容之一。企业从内部ERP系统、业务系统、生产系统等中获取企业内部运营数据，从财务系统或者上市公司年报中获取财务等有利用价值的数据，通过对这些数据去分析企业业务和管理绩效，为企业运营提供全面的洞察力。

企业最重要的业务是产品设计，产品是企业的核心竞争力，而产品设计需求必须紧跟市场，这也是大数据应用的重要内容。企业利用行业相关分析，市场调查甚至社交网络等信息渠道的相关数据，利用大数据技术分析产品需求趋势，使得产品设计能够紧跟市场需求。此外，企业大数据应用在产品的营销环节、供应链环节以及售后环节均有涉及，帮助企业产品更加有效地进入市场，为消费者所接受。通过对企业内外部数据的采集和分析，并利用大数据技术进行相关处理，能够较为准确地反映企业业务运营的现状、差距，并对未来企业目标的实现进行预测和分析。

二、客户分析

在各个行业中，大数据应用需求大部分是用于满足客户需求，企业希望大数据技术能够更好地帮助企业了解和预测客户行为，并改善客户体验。客户分析的重点是分析客户的偏好以及需求，达到精准营销的目的，并且通过对个性化的客户关怀维持客户的忠诚度。客户大数据分析可以帮助企业更好地了解客户，进而帮助企业进行产品营销、精准推荐等。

1. 全面的客户数据分析

全面的客户数据是指建立统一的客户信息号和客户信息模型，通过客户信息号，可以查询到客户各种相关信息，包括相关业务交易数据和服务信息。客户可以分为个人客户和企业客户，客户不同，其基本信息也不同。比如，个人客户登记姓名、年龄、家庭地址等个人信息，企业客户登记公司名称、公司注册地、公司法人等信息。同时，个人和企业客户的共同特点有客户基本信息和衍生信息，基本信息包括客户号、客户类型、客户信用度等，衍生信息不是直接得到的数据，而是由基本信息衍生分析出来的数据，如客户满意度、贡献度、风险性等。

2. 全生命周期的客户行为数据分析

全生命周期的客户行为数据是指对处于不同生命周期阶段的客户的体验进行统一采集、整理和挖掘，分析客户行为特征，挖掘客户的价值。客户处于不同生命周期阶段对企业的价值需求有所不同，需要采取不同的管理策略，将客户的价值最大化。客户全生命周期分为客户获取、客户提升、客户成熟、客户衰退和客户流失五个阶段。在每个阶段，客户需求和行为特征都不同，对客户数据的关注度也不相同，对这些数据的掌握，有助于企业在不同阶段选择差异化的客户服务。

在客户获取阶段，客户的需求特征则表现得比较模糊，客户的行为模式表现为摸索、了解和尝试。在这个阶段，企业需要发现客户的潜在需求，努力通过有效渠道提供合适的价值定位来获取客户。在客户提升阶段，客户的行为模式表现为比较产品性价比、询问产品安装指南、评论产品使用情况以及寻求产品的增值服务等。这个阶段企业要采取的对策是把客户培养成为高质量客户，通过不同的产品组合来刺激客户的消费。在客户成熟阶段，客户的行为模式表现为反复购买、与服务部门的信息交流，向朋友推荐自己所使用的产品。这个阶段企业要培养客户忠诚度和新鲜度并进行交叉营销，给客户提供更加差异化的服务。在客户衰退阶段，客户的行为模式是较长时间的沉默，对客户服务进行抱怨，了解竞争对手的产品信息等。这个阶段企业需要思考如何延长客户生命周期，建立客户流失预警系统，设法挽留住高质量客户。在客户流失阶段，客户的行为模式是放弃企业产品，开始在社交网络给予企业产品负面评价。这个阶段企业需要关注客户情绪数据，思考如何采取客户关怀和让利挽回客户。

3. 全面的客户需求数据分析

全面的客户需求数据分析是指通过收集客户关于产品和服务的需求数据，让客户参与产品和服务的设计，进而促进企业服务的改进和创新。客户对产品的需求是产品设计的开始，也是产品改进和产品创新的原动力。收集和分析客户对产品需求的数据，包括外观需求、功能需求、性能需求、结构需求、价格需求等。这些数据可能是模糊的、非结构化的，然而对于产品设计和创新而言却是十分宝贵的信息。

三、风险分析

企业关于风险的大数据应用主要是指对安全隐患的提前发现、市场以及企业内部风险提前预警等。企业首先要对内部各个部门、各个机构的系统、网络以及移动终端的操作内容进行风险监控和数据采集，针对具有专门互联网和移动互联网业务的部门，也要对其操作内容和行为进行专门的数据采集。数据采集需要解决的问题有：企业的经营活动；各经营活动中存在的风险；记录或采集风险数据的方法；风险产生的原因；每个风险的重要性。其次要实时关注有关市场风险、信用风险和法律风险等外部风险数值，获得这些内外部数据之后，要对风险进行评估和分析，关注风险发生的概率大小、风险概率情况等。通过大数据技术对风险分析之后，就需要对风险采取减小、转移、规避等措施，选择最佳方案，最终将风险最小化。

第四章 大数据挖掘模型

第一节 基于 BP 神经网络大数据挖掘模型

基于神经网络的数据挖掘技术是将神经网络中隐含的知识以一种易于理解的方式明确地表示出来。它综合了并行直观性和串行逻辑性两个侧面，通过对已知信息的学习来寻求未知信息，适合非线性数据和含噪声数据，特别是以模糊、不严密、不完整的知识（数据）为特征的或缺少清晰的分析数据的数学算法的情况下取得传统符号学习方法所难以达到的效果。不仅为设计者和使用者理解 ANN 的推理过程提供一定的方便，还通过抽取规则，发现数据的重要关系，帮助用户进行决策处理。

神经网络是由大量神经元广泛连接而成的超大规模非线性动力系统，除具有一般非线性动力学系统的共性，如不可预测性、吸引性、耗散性、非平衡性、不可逆性、高维性等特性，在数据挖掘中采用神经网络的技术，主要是因为它具有一些传统技术所没有的特点。

（1）通过非线性映射，学习系统的特性具有近似地表示任意非线性函数及其逆的能力。

（2）通过离线和在线两方面的权重自适应提供给不确定系统自适应

和自学习。

（3）可提供大规模动力学系统允许快速处理的并行分布处理结构。

（4）提供鲁棒性强的结构，因为网络自身有容错性和联想功能。

（5）信息被转换成网络内部的表示，这种表示允许定性和定量信号两者的数据融合。

一、神经网络在数据挖掘中的常用模型

在数据挖掘领域中广泛使用的人工神经网络模型有：BP 网络、自组织 SOM（Self-Organizing Feature Map）网络（包括 Kohonen 和 ART 模型）、Hopfield 网络、循环 BP 网络、径向基函数 RBF（Radial Basis Function）网络和 PNN（Probabilistic Neural Networks）网络，等等。

与传统的统计分析相比，BP 网络由输入层、中间层和输出层组成，采用多层前向的拓扑形状，它可以同时逼近多个输出，以满足多输入参数所造成的复杂情况并且实现操作简单。它可以被用于分类、回归和时间序列预测等 KDD 任务中，及模式识别问题、非线性映射问题的研究，如手写体识别、图像处理、预测控制、函数逼近、数据压缩等。

RBF 网络中隐层单元使用了非线性传输函数，这就使它在隐单元中矢量确定的情况下，网络只需要对隐藏至输出层的单层权值进行学习修正，所以它具有更快的收敛速度，是一种非常有效的前馈网络。

如果 KDD 的目标是对时间序列进行预测时，用循环 BP 网络比普通的 BP 网络要好。自组织 SOM 网络模拟大脑的自组织特性，主要用于聚类，需要在线学习时，ART 和 RBF 的训练数据相对而言快一些。

连续型 Hopfield 网络是 20 世纪 90 年代提出的一种由 S 型神经元构成的单层全互联反馈动力学系统，它是一种连续确定型神经网络模型，该网络具有快速收敛于状态空间中一稳定平衡点的能力，可以用作优化计算，HopHeld 网络在求解优化问题方面应用很广泛。

KDD 系统的目标是通过分析和预测从数据库中抽取出特定的知识，因此，在大多数情况下，对数据对象进行模式识别的规则预先是未知的，聚类方法也就成为数据挖掘算法的核心。SOM 方法是一种基于欧氏距离反复地进行聚类和聚类中心修改的过程，因此，它主要针对数据库中数据对象的数值属性。SOM 神经网络模型应用广泛，适合对数据对象进行聚类，也可用于语音识别、图像压缩、机器人控制、优化问题等方面。

二、BP 算法的基本理论

（一）BP 算法的思想

Rumelhart，Hinton 和 Williams 完整而简明地提出一种 ANN 的误差反向传播训练算法（简称 BP 算法），系统地解决了多层网络中隐含单元连接权的学习问题，还对其能力和潜力进行了探讨。Parker 也提出过同样的算法。后来才发现 Werbos 的博士论文中曾提到过有关 BP 学习算法及其几种变形。

误差反传算法的主要思想是把学习过程分为两个阶段：第一阶段（正向传播阶段），给出输入信息通过输入层经隐含层逐层处理并计算每个单元的实际输出值；第二阶段（反向过程），若在输出层未能得到期望的输出值，则逐层递归的计算实际输出与期望输出之差值（误差），以便根据此差调节权值，具体些说，就是可对每一个权重计算出接收单元的误差值与发送单元的激活值的积。因为这个积和误差对权重的（负）微商成正比（又称梯度下降算法），把它称作权重误差微商。权重的实际改变可由权重误差微商一个模式一个模式地计算出来，即它们可以在这组模式集上进行累加操作。

反传算法有两种学习过程，这是由于在求导运算中假定了所求的误差函数的导数是所有模式的导数和。因此权重的改变方式就有两种：一种是对提供的所有模式的导数求和，再改变权重。这就是训练期（Epoch）的学习方式，具体些说，对每个模式要计算出权重误差导数，直到该训练期结束时才累加，此时才计算权重变化，并把它加到实际的权重数组上，每周期只做一次；另一种是由于权的修正是在计算每个模式的导数后，改变权重并求导数和，这就是模式（Pattern）学习方式。

（二）BP 算法的数学描述

多层前馈神经网络不仅有输入层节点、输出层节点，而且有一层或多层隐含节点。对于输入信息，要先向前传播到隐含层的节点上，经过各单元的特性为 Sigmoid 型的激活函数（又称作用函数、转换函数或映射函数等）运算后，把隐含节点的输出信息传播到输出节点，最后给出输出结果。网络的学习过程由正向和反向传播两部分组成。在正向传播过程中，每一层神经元的状态只影响下一层神经元网络。如果输出层不能得到期望输出，就是实际输出值与期望输出值之间有误差，那么转入反向传播过程，将误差信号沿原来的连接通路返回，通过修改各层神经元的权值，逐次地向输入层传播去进行计算，再经过正向传播过程，这两个过程的反复运用，使得误差信号最小。实际上，误差达到人们所希望的要求时，网络的学习过程就结束。

BP 算法是在导师指导下，适合于多层神经元网络的一种学习，它是建立在梯度下降法的基础上的。

三、改进的 BP 算法的比较

基于 BP 算法的神经元网络从运行过程中的信息流向来看，它是前馈型网络。这种网络仅通过许多具有简单处理能力的神经元的复合作用使网络具有复杂的非线性映射。尽管如此，由于它理论上的完整性和成功地应用于广泛的应用问题，所以它仍然有重要的意义，但它也存在不少问题。

（1）已学习好的网络的泛化问题，即能否逼近规律和对于大量未经学习过的输入矢量也能正确处理，并且网络是否具有一定的预测能力。

（2）基于 BP 算法的网络的误差曲面有三个特点。①有很多全局最小的解。②存在一些平坦区，在此区内误差改变很小，这些平坦区多数发生在神经元的输出接近于 0 或 1 的情况下，对于不同的映射，其平坦区的位置，范围各不相同，有的情况下，误差曲面会出现一些阶梯形状。③存在不少局部最小点，在某些初值的条件下，算法的结果会陷入局部最小。由于第二、第三特点，造成网络不能得到训练。

（3）学习算法的收敛速度很慢

（4）网络的隐含层层数和隐含层节点个数缺少统一而完整的理论知

道（没有很好的解析式来表示）。埃伯哈特和杜宾斯在他们的书“Neural Network PC Tools”中阐述“隐含单元的选择是一种艺术”。总的来说，隐含单元数与问题的要求、输入输出单元的多少都有直接的关系。

BP算法是基于梯度下降法的思想，一旦编导信息已知，下一步就是计算权重更新值。权值调整最简单的形式是向梯度的相反方向进行，即负导数乘上一个常量，学习率。尽管基本的学习规则非常简单，选择合适的学习率却是一件麻烦的事。学习率太小会导致学习缓慢，太大又容易形成振荡，不易稳定到某一个值。而且，尽管可以证明在某些条件下可以收敛到局部极小，却不能保证算法可以找到全局最小。梯度下降的另一个问题是更新权步的大小依靠学习参数的选择以及编导的规模。

近年来，学者们通过研究提出了许多技术来改进上述梯度下降的问题。这些技术被分为了以下两类。

1. 全局调整技术

利用整个网络状态的全局知识，如权值更新向量的总体方向，来调整网络权值的方法称为权值调整技术。

其主要内容如下。

（1）加入动量项

在每个加权调节量上加上一项正比例于前次加权变化量的值。

（2）共轭梯度法和行搜索

J.Leonard 和 M.A.Kramer 将共轭梯度法和行搜索结合在一起。这种算法是用于全局自适应和批处理模式更新中最有力的一种，不过结果很差。

（3）变步长算法

这类自适应滤波器的变步长算法，用于基于 BP 算法的神经网络中，在选择最小均方算法的自适应步长时，有个折中问题，即选用较大的步长可得到较快的收敛速度，但要得到最终较小的失调就需要采用较小的步长。这种算法有多种变本，实验证明它有很好的收敛性能，并能很好地控制训练过程中的振荡幅度。

2. 局部调整技术

局部调整技术指导的是对每个可调节参数采用独自的学习速率，所以对每个权寻找到最优学习速率。局部策略用仅有的特定的信息（例如偏导数）去修改权特定参数。实践证明它是很有效的。主要有以下内容。

（1）Delta-Bar-Delta 技术

和以前的方法相反，Delta-Bar-Delta 方法通过观察指数平均梯度的符号变化来控制学习速率。通过加入常值代替乘这个值来提高学习速率。Delta-Bar-Delta 方法收敛比 BP 快，而且具有更强的鲁棒性。

（2）SuperSAB

SuperSAB 同样是基于符号独立的学习率调整的思想上的，它跟 Delta-Bar-Delta 技术的不同之处在于调整学习率的方式。调整规则可描述如下：

（3）Quickprop

Scott Fahlman 提出的一种方法，它是在传统的两类方法上做了些联系。Quickprop 方法是一种不精确的机遇牛顿法的二阶方法，但是在精神上它比正式的更富有启发式。

（4）RPROP（Resilent Backpropagation）方法

德国 Martin Riedmiller 和 Heinrich Braun 在他们的论文 A Direct Adaptive Method for Faster Back-propagation Learning：The RPROP Algorithm 中，提出了 RPROP 方法，这是一种在多层感知器中实现有指导批处理学习的局部自适应学习方案。这种方法的原理是消除偏导数的大小对权步的有害影响，导数的符号被认为表示权更新的方向。权改变的大小仅仅由专门的权“更新值”确定。

四、BP 神经网络在数据预测中的应用

（一）BP 网络建模的特点

利用神经网络技术构建数据挖掘系统模型时，神经网络结构和算法的设计对模型的性能有很大影响，应用最为广泛和成熟的 BP 网络是多数研究的首选。

BP 网络的建模特点：

（1）非线性映照能力

神经网络能以任意精度逼近任何非线性连续函数。在建模过程中的许多问题正是具有高度的非线性。

（2）并行分布处理方式

在神经网络中信息是分布储存和并行处理的，这使它具有很强的容错性和很快的处理速度。

（3）自学习和自适应能力

神经网络在训练时，能从输入、输出的数据中提取出规律性的知识，

记忆于网络的权值中，并具有泛化能力，即将这组权值应用于一般情形的能力。神经网络的学习也可以在线进行。

（4）数据融合的能力

神经网络可以同时处理定量信息和定性信息，因此它可以利用传统的工程技术（数值运算）和人工智能技术（符号处理）。

（5）多变量系统

神经网络输入和输出变量的数目是任意的，为单变量系统与多变量系统提供了一种通用的描述方式，而不必考虑各子系统间的解耦问题。

（二）BP 网络预测领域的应用

众所周知，在数据仓库的海量数据集中蕴含了丰富的隐含信息，其中有代表性的包括客户消费行为趋势、商品销售量走向等，这些包含了巨大商机的行为模式如果能够被提前预测，将为企业经营决策、市场策划提供依据。

在金融领域，管理者可以通过对客户偿还能力以及信用的分析和分类，评出等级。从而可减少放贷的麻木性，提高资金的使用效率。在零售业，行为趋势分析可有助于识别顾客购买行为，发现顾客购买模式和趋势，改进服务质量，取得更好的顾客保持力和满意程度，提高货品销量比率，设计更好的货品运输与分销策略，减少商业成本。电信业利用此项技术来帮助理解商业行为、确定电信模式、捕捉盗用行为、更好地利用资源和提高服务质量。

在环境科学与工程中，对环境系统因素预测，可以更有效地评价环境质量，以便及时地做出改造。在工程技术中，对煤炭结渣程度的预测，对中药滴丸制剂成品率的预测，都能从理论上分析生产流程，从而提高生产率。

人工神经网络主要是根据所提供的数据，通过学习和训练，找出输入和输出之间的内在联系，从而求得问题的解答，而不是依靠对问题的先验知识和规则，所以有很好的适应性。神经网络能够根据数据集的分布特征自动地发现规律，并以权值表示之。这些权值实际上表征并隐藏着行为特征。当网络中的权值发生了变化，连带影响了它们对网络输出结果的贡献，使得最后得到的预测结果可以最大限度地逼近于真实。

李一平研究者构造了具有 3 层节点的 BP 神经网络模型，将太湖 2017 年 5~12 月全湖共 26 个采样点的实测值作为学习样本，一共有 26 × 8=208 组数据。从这些数据中分别随机抽取 1/4 的数据各 52 组作为检验样本和测试样本，其余的 104 组（占 50%）数据作为训练样本。用 2018 年 8 月的各点的浮游植物数据进行预测比较，可见该网络的合理性和可行性。从误差方面考虑，需要对网络进行优化，从而提高网络的收敛速度和精确度。

胡月研究者在传统的标准 BP 算法基础上并行，突破原有的只将算法本身并行化的方法，另辟蹊径，提出先并行找出搜索空间的最小极值区域，在此基础上再进行算法并行化的二次并行搜索策略，并利用该思想建立了销售预测系统，从一定程度上改进了 BP 算法的两个缺陷。但是，二次并行策略在划分权值搜索空间的方法上目前还是基于大量的实验和经验的基础上，故而显得不够严谨。另外，考虑到网络通信消耗及并行算法的适应性，因此在结构上还需要优化。

崔利群选取 BP 网络作为研究对象，根据梯度下降搜索算法的特点，分析出现局部极小状态的原因，探讨如何搜索到全局极小点，保证网络学习过程总是趋于全局稳定状态。关于 BP 网络的全局优化改进策略从以下两方面考虑：

（1）基于网络模型的优化；

（2）基于网络算法的优化。

根据以上两种优化策略分别进行阐述。文中介绍了多种优化方法并进行了比较，我们可以看出每一种方法仅仅从某一方面对 BP 网络性能进行改进，其中仍然会存在一些缺点，如神经网络中离散变量的优化问题及如何利用更先进的优化技术实现对神经网络的全局优化等都需做进一步的研究。

五、基于 BP 神经网络预测模型结构的设计

BP 算法对网络结构非常敏感，不同的网络结构使网络解决复杂问题和非线性问题的能力不同。而 BP 算法并没有从理论上解决网络的设置问题，因此所有应用 BP 算法的网络结构都是根据经验设定的，这就不可避免地使网络的结构带有盲目性。不合理的网络结构使网络收敛缓慢或者不能收敛，可见提高网络的学习速度，非常需要一个合理的网络结构。

神经网络的拓扑结构由网络的层数、各层的节点数以及节点间的连接等组成，节点间的连接方式因网络模型不同而有差异。对于经典 BP 神经网络来说，只有相邻层上的节点相连接，同层节点不相连接，因此

其网络结构仅由一个输入层、一个输出层和几个隐含层组成，BP 网络的学习结果会因初始权值的选择及有关计算参数的经验选取不同而不同，以及如何合理地确定隐藏神经元，也关系着网络的收敛速度和化能力。

（一）输入层和输出层的确定

输入层的配置必须考虑那些可能影响输出的参数，这些参数随问题的变化而变化。虽然网络被假定为一个从输入到输出的未知函数和映射，但网络的性能对输入信息非常敏感，另外，输入参数的合理选取可以提高网络对未知问题预测的能力。对于具体问题，输入节点数目取决于输入数据求设计者尽量选取能表现事物本身的那些特性，剔除那些不可靠的、虚假的数据源，保证网络的正确训练。

输出层节点数的选取在构造网络的过程中是最简单的一项任务。一般而言，输出层节点数依据模式类别的多少而定，当模式类别较少时，可用模式类别数表示输出层节点数；较多时可将模式类别以输出节点的编码形式表示。

（二）层数的确定

根据 Kosmagoro 定理：在有合理的结构和恰当权值的条件下，三层前馈网络可以逼近任意的连续函数。所以从简捷实用的角度，一般选取一个隐层。在 BP 算法中，误差是通过输出层向输入层反向传播的，层数越多，反向传播误差在靠近输入层时就越不可靠，这样的误差修正权值，其效果是可以想象的。对于一个隐层的网络，若隐层的作用函数是连续函数，则网络输出可以逼近一个连续函数。具体来说，设网络有 n 个输入，

m 个输出，其作用可看作是有 n 维欧氏空间到 m 维欧氏空间的一个非线性映射。

上述结论只是理论上的结论，实际上到目前为止，还没有很快确定网络参数（指隐层数和隐层神经元数）的固定方法可循，但通常设计多层前馈网络时，可按下列步骤进行：

（1）对任何实际问题都只选用 1 个隐层。

（2）使用较少的隐层神经元数。

（3）增加隐层神经元个数，直到获得满意的性能为止，否则，再采用 2 个隐层。

通常情况下，隐含层数的合理选取是网络取得良好决策性能的一个关键。隐含层数应根据问题的复杂性，综合考虑网络的精度和训练时间。当映射关系简单，网络精度满足要求的条件下，可选择较少的层数，这样可加快训练。有关研究表明，隐含层数的增加，可以形成更加复杂的决策域，使网络解决非线性问题的能力得到加强，合理的隐含层数能使网络的系统误差最小。

（三）隐层节点的确定

隐层节点的个数是网络构造中的关键问题，它对神经网络所起的作用就相当于光学中的分光镜，它们将混杂于输入信号中的相互独立的基本信号分离出来，再组合出新的向量——输出向量，以实现网络由输入向输出的映射。当节点数太大时，可以增强信号处理和模式表达的能力，但同时也导致网络学习时间延长，网络所需的存储容量变大；节点数太少时，网络不能建立复杂的映射关系及有效地拟合样本数据，网络的容错性能差。从理论上来讲，对于一个具体应用问题应该存在一个最佳的隐含层节点个数，该最佳个数与问题的重复性和网络的具体结构形式以及各隐含层节点函数的特性有关，对此尚无统一的标准。根据 Charence N.W.Tan 和 Gerhand E.Witting 的研究，一般情况下输入层，单个隐含层和输出层的神经元个数基本相等或呈金字塔结构时，BP 模型运行效果较好。一般采取的原则是：在能正确反映输入输出关系的基础上，尽量选取较少的隐含节点个数，这样可使网络尽可能简单。

确定隐层节点数时必须要满足下列条件。

（1）隐层节点数必须小于 N-1（其中 N 为训练样本数），否则，网络模型的系统误差与训练样本的特性无关而趋于 0，即建立的网络模型没有泛化能力，也没有任何实用价值。同理可推得：输入层的节点数（变量数）必须小于 N-1。

（2）训练样本数必须多于网络模型的连接权数，一般为 2 ~ 10 倍，否则，样本必须分成几部分并采用“轮流训练”的方法才可能得到可靠的神经网络模型。

目前，国内外针对隐含层的节点个数选择方法的研究，主要有以下内容。

（1）网络裁除法

先构造一个含冗余节点的网络结构，然后在训练中逐步删除一些不必要的、对网络性能不起作用的节点和连接权。该方法结构网络的算法较复杂。

（2）实验选择法

根据具体应用，通过实验选择使网络具有足够的泛化能力和足够输出精度的隐含层节点的个数。该方法结构网络的效率及网络的合理性难以保证。

（3）网络渐增法

先构造一个小规模的网络结构，然后在训练中根据实际情况逐步增加网络节点和连接权，直到满足网络性能的要求。

（四）结构参数的确定

1. 初始权值的选取

BP 算法是先给予初始权值，经过反复地调整，获得稳定的权值。研究表明，初始权值彼此相等时，它们在学习过程中将保持不变，无法使误差降到最小。所以初始权值不能取一组完全相同的值。在网络的初始学习时，用一些小的随机数作为网络的初始权值，这样可以使网络中各神经元在开始阶段避开饱和状态的可能性增大，也可加快网络的学习速度。在网络的连续学习时，前次网络学习的权值可以作为后续学习的初始值。对网络初始权值的选取，利用遗传算法来优化神经网络的初始权值，取得了较满意的效果，此内容将在下一章中详细介绍。

2. 学习系数 η 的自适应调整

网络中影响收敛速度的关键因素是学习系数，学习系数 η 实质上是一个沿负梯度方向的步长因子，它控制着沿负梯度方向移动的速度的决慢。

η 帮助避免陷入判定空间的局部最小（权值看上去收敛，但不是最优），并有助于找到全局最小。若 η 取值较大，权值的修正量就较大，学习速度就较快，有可能长期不收敛，导致网络产生振荡；当 η 偏小时，收敛速度慢，误差相对较大。一个经验规则是将 η 设置为 1/t，其中 t 是已对训练样本集迭代的次数。

理论上，η 的选取应以不导致学习过程振荡为前提，通常情况 η 的取值范围为［0，1］之间。很多实验表明：η 取值较高，其误差函数值从迭代第一步起就无法下降，或根本就不下降。

η 变化策略其实质是根据误差曲面的“平坦区”和“振荡区”的特性而分别对步长加以改变。在“振荡区”利用前后误差变化的百分比来调节步长的增减，因此能够使得学习过程更好地逼近“最优路线”；而在“平坦区”则对步长进行快速增减，加速学习过程中的收敛。

3. 神经元的激励函数

前馈神经网络的激励函数应具有可导、有界、连续的特性，激活函数的标准前馈网络能以任意精度逼近任意连续函数的充分必要条件是该网络激励函数是非多项式，一般常用的激励函数因激活函数输出的范围极性不同，我们将其分为单极性激励函数和双极性激励函数。经典 BP 算法选用单极性激励函数 Sigmoid 函数作为神经元特性函数，原因有两条: 第一, 从生理学角度看接近神经元的输出信号模式, 其曲线两端平坦, 中间部分变化剧烈, 在信号变化范围很大时, 仍能保证正确的输出; 第二, S 型函数不仅具有饱和非线性、单调性、可微分性，而且它有一个非常简单的导数，这对开发学习算法非常有用。

六、遗传算法优化神经网络

生物在其延续生存的过程中，逐渐适应其生存环境，使得其品质不断得到改良，这种生命现象称为进化（Evoltion）。生物的进化是以集团的形式共同进行的，这样的一个团体称为群体（Population），组成群体的单个生物称为个体（Individual），每一个个体对其生存环境都有不同的适应能力，这种适应能力称为个体的适应度（Fitness）。自然选择学说（Natural Selection）认为，通过不同生物间的交配以及其他一些原因，生物的基因有可能会发生变异而形成一种新的生物基因，这部分变异了的基因也将遗传到下一代。虽然这种变化的概率是可以预测的，但具体哪一个个体发生变化却是偶然的。这种新的基因依据其与环境的适应程度决定其增殖能力，有利于生存环境的基因逐渐增多，而不利于生存环境的基因逐渐减少。通过这种自然的选择，物种将逐渐向适应生存环境的方向进化，从而产生优良的物种。

遗传算法是模拟生物在自然环境中的遗传和进化过程而形成的一种自适应全局优化概率搜索算法。它最早由美国密执安大学的 Holland 教授提出，起源于 20 世纪 60 年代对自然和人工自适应系统的研究。遗传算法为我们解决优化问题提供了一个有效的途径。

（一）遗传算法的基本理论

1. 遗传算法的概述

生物的进化过程主要是通过染色体之间的交叉和染色体的变异来完成的。与此相对应的是，遗传算法中最优解的搜索过程也模仿生物的这个进化过程，使用所谓的遗传算子（Genetic Operators）作用于群体中，进行下述遗传操作，从而得到新一代群体。

选择（Selection）：根据各个个体的适应度，按照一定的规则或方法从上一代群体中选择出一些优良的个体遗传到下一代群体中。

交叉（Crossover）：将群体内的各个个体随机搭配成对，对每一个个体，以某个概率（称为交叉概率，Crossover Rate）交换它们之间的部分染色体。

变异（Mutation）：对群体中的每一个个体，以某一概率（称为变异概率，Mutation Rate）改变某一个或某一些基因座上的基因值为其他的等位基因。

2. 遗传算法的运算过程

使用上述 3 种遗传算子（选择算子、交叉算子、变异算子）的遗传算法的主要运算过程如下。

步骤一：初始化。设置进化代数计数器 $t \leftarrow 0$；设置最大进化代数 T；随机生成 M 个个体作为初始群体 P（0）。

步骤二：个体评价。计算群体 P（t）中各个个体的适应度。

步骤三：选择运算。将选择算子作用于群体。

步骤四：交叉运算。将交叉算子作用于群体。

步骤五：变异运算。将变异算子作用于群体。群体 P（t）经过选择、交叉、变异运算后得到下一代群体 P（t+1）。

步骤六：终止条件判断。若 $t \le T$，则 $t \leftarrow t+1$，转到步骤二；若 $t > T$，则以进化过程中所得到的具有最大适应度的个体作为最优解输出，终止运算。

3. 遗传算法的特点

从数学角度来看，遗传算法实质上是一种搜索寻优技术。它从某一初始群体出发，遵照一定的操作规则，不断迭代计算，逐步逼近最优解，它有以下特点。

（1）智能式搜索

遗传算法的搜索策略，既不是盲目式的乱搜索，也不是穷举式的全面搜索，它是有指导的搜索。指导遗传算法执行搜索的依据是适应度，也就是它的目标函数。利用适应度，使遗传算法逐步逼近目标值。

（2）渐进式优化

遗传算法利用复制、交换、突变等操作，使新一代优越于旧一代，通过不断迭代，逐渐得出最优的结果，它是一种反复迭代的过程。

（3）全局最优解

遗传算法由于采用交换、突变等操作，产生新的个体，扩大了搜索范围，使得搜索得到的优化结果是全局最优解而不是局部最优解。

（4）黑箱式结构

遗传算法根据所解决问题的特性，进行编码和选择适应度。一旦完成字符串和适应度的表达，其余的复制、交换、突变等操作都可以按常规手续去执行。个体的编码如同输入，适应度如同输出。因此，遗传算法从某种意义上讲是一种只考虑输出与输入关系的黑箱问题。

（5）通用性强

传统的优化算法，需要将所解决的问题用数学式子表示，常常要求解该数学函数的一阶导数或二阶导数。采用遗传算法，只用编码及适应度表示问题，并不要求明确的数学方程及导数表达式。因此，遗传算法通用性强，可应用于离散问题及函数关系中不明确的复杂问题，有人称遗传算法是一种框架型算法，它只有一些简单的原则要求，在实施过程中可以赋予更多的含义。

（6）并行式算法

遗传算法是从初始群体出发，经过复制、交换、交叉等操作，产生一组新的群体。每次迭代计算，都是针对一组个体同时进行，而不是针对某个个体进行。因此，尽管遗传算法是一种搜索算法，但是由于采用这种并行计算机原理，搜索速度很高。

（二）遗传算法与神经网络的结合

1. 遗传算法与神经网络技术的融合

将遗传算法（GA）与神经网络（NN）结合，可以使神经网络系统扩大搜索空间、提高计算效率以及增强 NN 建模的自动化程度。

染色体可以代表神经网络的不同属性，如权重矩阵、训练样本、隐层数量、节点配置等。目前遗传算法与神经网络融合的主要目标集中在改进神经网络的性能，得到一个实用有效的神经网络系统。其中 GA 用来解决 NN 中的一些难题，如对输入样本的高品质要求，解释神经网络的黑箱行为，减轻手工调整网络的负担等。GA 通过对 NN 进行预处理，把关于解空间的知识内嵌到 NN 初始化状态中，使 NN 计算工作量大大减少。同时遗传算法用于对神经网络的训练样本进行预处理，辅助选择数据的最优表示，对待定应用领域选出最合适的训练样本集。

对于一个具有稳定结构的神经网络，遗传算法可以减少针对某一特定应用的权重和参数的训练工作量。

目前在NN设计的较深层次上，也把遗传算法技术集成到神经网络内部，特别是成功地用遗传算法代替了神经网络的学习算法，如用GA代替BP算法。

在一个神经网络中，网络的描述信息由染色体表示，变异算子在一定约束下对当前群体进行改进，通过产生和检验去代表不同参数（如学习率和隐节点数）的神经群体来实现参数优化。利用遗传算法设计面向特定应用的神经网络，可以使得算法系统独立于神经网络的类型，用户可以选择网络容量或学习速度作为优化准则，使系统适合于不同的硬件要求。

2. 遗传算法优化神经网络的设计方法

目前神经网络结构的设计主要是根据实验来实现，这种启发式方法有两个主要缺点：第一，可能的神经网络结构空间非常大，甚至对小型应用问题，其中大部分结构也仍然没有探测到；第二，构成一个好的结构的因素密切依赖于应用，既要考虑需要求解的问题，又要考虑对神经网络解的限制，但目前还没有一个好的技术或方法做到这一点。

由于以上原因，在得到满意的结构之前需要经过大量的反复实验。当前大多数应用采用简单的神经网络结构和保守的学习规则参数值，特别的神经网络设计中的结构一直没有受到足够的重视。

在一组给定的性能准则下优化神经网络结构是个复杂的问题，其中许多变量，包括离散的和连续的，它们以复杂的方式相互作用，对一个给定设计评价本身也是带噪音的，这是由于训练的效能依赖于具有随机性的初始条件。总之，神经网络设计对遗传算法而言是个逻辑应用问题。

遗传算法一般可以通过两种方式应用到神经网络设计中：一种方式是利用遗传算法训练已知结构的网络，优化网络的连接权；另一种方式是利用遗传算法找出网络的规模、结构和学习参数。

用遗传算法研究神经网络的设计工具，这种工具可以让设计者描述要求解的问题或问题类，然后自动搜索一个最优的网络设计；第二个目标是通过发现更多的依据来帮助建立神经网络设计的理论。

（1）遗传算法优化神经网络结构

利用遗传算法搜索可能的神经网络结构空间的主要过程如下：首先是从一个随机产生的网络群体开始，每个网络结构由一个染色体串来表示；其次应用感知机学习算法或 LMS 学习算法训练网络，并度量群体中每个网络的适应值，适应值的定义可以考虑到学习速度、精度以及网络的规模和复杂性等代价因素；最后应用遗传算子产生新的网络群体。以上的过程重复多代，直到找到满意的网络结构。

（2）遗传算法优化神经网络权值

除了利用遗传算法找出最优结构外，也可以用遗传算法训练已知结构的网络（一般采用三层 BP 网络即可），优化网络的连接权。神经网络的权值训练问题实际上就是寻找最优的连接权值。连接权的整体分布包含着神经网络系统的全部信息，传统的权值获取方法都是采用某个确定的权值变化规则。在训练中逐步进行调整，最终得到较好的权值分布。

BP 算法虽然具有简单可塑的优点，但它是基于梯度下降的方法，因而对初始向量异常敏感，不同的初始权向量值可能导致完全不同的结果，而且在计算过程中，有关参数（如训练速率）的选取只能凭试验和经验来确定，一旦取值不当，就会引起网络的振荡而不能收敛，即使会收敛也会因为收敛速度慢而导致训练时间过长，有易陷入局部极值而得不到最佳权值分布。用遗传算法来优化连接权，可以解决这个问题。

用遗传算法优化神经网络连接权的基本步骤：

①随机产生一组分布，采用某种编码方案，对组中的每个权值（或阈值）进行编码，进而构造出一个个码链（每个码链代表网络的一种权值分布），在网络结构和学习规则已定的前提下，该码链就对应一个权值和阈值取特定值的神经网络。

②对所产生的神经网络计算它的误差函数，从而确定其适应度函数值，误差越大，则适应度越小。

③选择若干适应度函数值最大的个体，直接遗传给下一代。

④利用交叉和变异等遗传操作算子对当前一代群体进行处理，产生下一代群体。

⑤重复②③④，使初始确定的一组权值分布得到不断的进化，直到训练目标得到满足为止。

不采用加速收敛技术的 GA 对于全局搜索有较强的鲁棒性和较高效率，但不适应候选解的精调，组合 GA 与 BP 可以避免各自的缺点，综合它们具有的长处，即 GA 的全局收敛性和 BP 局部搜索的快速性，使它们更有效地应用于神经网络的学习中，GA 和 BP 可以有不同的组合方法，可以先使用 GA 反复优化神经网络权值，直到这一代群体的平均值不再有意义地增加为止，也就是说进化状态停止，此时解码得到的参数组合已经充分接近最佳参数组合，在此基础上再用 BP 算法对它们进行精调，就能快速得到最优解。这种基于遗传算法的遗传进化和基于梯度下降法的反训练结合被称为神经网络的混合训练。也可以采用自适应交叉率和变异率来改善 SA 的运行性能，在较理想的情况下，Pc（交叉率）与 Pm（变异率）的取值应在算法运行过程中随着适应值的变化而自适应变化。用适应值来衡量收敛状况，对于适应值高的解，取较低的 Pc 和 Pm，使该解进入下一代的机会增大，而对于适应值低的解，则应取较高的 Pc 和 Pm，使该解被淘汰，当成熟前收敛法发生时，应加大 Pc 和 Pm，加快新个体的产生。

（三）遗传算法优化 BP 网络初始权值的求解过程

为了模拟生物进化过程与遗传变异来求解优化问题，遗传算法必须把优化变量 X=（x1，x2，…，xn）T 对应到生物种群中的个体，并指定相应的适应度。然后按照优胜劣汰的原则进行繁殖操作，直到寻到满意解，因此必须要合理地设计遗传操作的各个要素。

1. 编码方法

编码是应用遗传算法时要解决的首要问题，也是设计遗传算法时的一个关键步骤。那么，什么是编码呢？在遗传算法中如何描述问题的可行解，即把一个问题的可行解从其解空间转换到遗传算法所能处理的搜索空间的转换方法就称为编码。

针对一个具体应用问题，如何设计一种完美的编码方案一直是遗传算法的应用难点之一，也是遗传算法的一个重要研究方向。由于遗传算法应用的广泛性，迄今为止人们已经提出了许多种不同的编码方法，总的来说，可以分为3大类：二进制编码方法、符号编码方法、浮点数编码方法。下面介绍几种主要的编码方法。

（1）二进制编码方法

二进制编码方法是遗传算法中最主要的一种编码方法，它使用的编码符号集是由二进制符号0和1所组成的二值符号集｛0，1｝，它所构成的个体基因型是一个二进制编码符号串。二进制编码符号串的长度与问题所要的求解精度有关。二进制编码的方法有以下优点：

①编码、解码操作简单易行；②交叉、变异等遗传操作便于实现；③符合最小字符集编码原则；④便于利用模式定理对算法进行理论分析。

（2）格雷码编码方法

二进制编码不便于反映所求问题的结构特性，对于一些连续函数的优化问题等，也由于遗传运算的随机特性而使得其局部搜索能力较差。为改进这个特性，人们提出用格雷码（Grey Code）来对个体进行编码。格雷码是这样一种编码方法，其连续的两个整数所对应的编码之间仅仅只有一个码位是不同的，其余码位都完全相同。它的主要优点是：

①便于提高遗传算法的局部搜索能力；②交叉、变异等遗传操作便于实现；③符合最小字符集编码原则；④便于利用模式定理对算法进行理论分析。

（3）浮点数编码方法

对于一些多维、高精度要求的连续函数优化问题，使用二进制编码来表示个体时将会有一些不利之处。

首先是二进制编码存在着连续函数离散化时的映射误差。个体编码串的长度较短时，可能达不到精度的要求；而个体编码串的长度较大时，虽然能提高编码精度，但会使遗传算法的搜索空间急剧扩大。其次是二进制编码不便于反映所求问题的特定知识，这样也就不便于开发针对问题专门知识的遗传运算算子，人们在一些经典优化算法的研究中所总结出的一些宝贵经验也就无法在这里加以利用，也不便于处理非平凡约束条件。

为了改进二进制编码方法的这些缺点，人们提出了个体的浮点数编码方法。所谓浮点数编码方法，是指个体的每个基因值用某一范围内的一个浮点数来表示，个体的编码长度等于其决策变量的个数。因为这种编码方法使用的是决策变量的真实值，所以浮点数编码方法也叫作真值编码方法。

浮点数编码方法有以下几个优点：

①适合于在遗传算法中表示范围较大的数；②适合于精度要求较高的遗传算法；③便于较大空间的遗传搜索；④改善了遗传算法的计算复杂性，提高了运算效率；⑤便于遗传算法与经典优化方法的混合使用；⑥便于设计针对问题的专门知识的知识型遗传算子；⑦便于处理复杂的决策变量约束条件。

由于网络节点之间的连接权值均为实数，用遗传算法优化网络权值时，如果用二进制编码，再转化为实数，这样引入了量化误差，使参数变化为步进，如目标函数值在最优点附近变化较快，则可能错过最优点。有鉴于此，本书采用实数编码。

2. 适应度函数

在遗传算法中使用适应度这个概念来度量群体中各个个体在优化计算中有可能达到或接近或有助于找到最优解的优良程度。适应度较高的个体遗传到下一代的概率就较大；而适应度较低的个体遗传到下一代的概率就相对小一些。度量个体适应度的函数称为适应度函数（Fit-ness Function）。

适应度尺度的变换：

在遗传算法中，各个个体被遗传到下一代的群体中的概率是由该个体的适应度来确定的。应用实践表明，如何确定适应度对遗传算法的性能有较大的影响。有时在遗传算法运行的不同阶段，还需要对个体的适应度进行适当的扩大或缩小。这种对个体适应度所做的扩大或缩小变换就称为适应度尺度变换（Fitness Scaling）。由网络误差得到遗传操作的适应度函数 F=1/E，网络误差越小，评价函数越大。

3. 算子的选择

（1）选择算子

遗传算法使用选择算子（或称复制算子，Reproduction Operator）来对群体中的个体优胜劣汰操作：适应度较高的个体被遗传到下一代群体中的概率较大；适应度较低的个体被遗传到下一代的概率较小。遗传算法中的选择操作就是用来确定如何从父代群体中按某种方法选取哪些个体遗传到下一代群体中的一种遗传运算。

选择操作建立在对个体的适应度进行评价的基础之上。选择操作的主要目的是为了避免基因缺失、提高全局收敛性和计算效率。比例算子，最优保存策略，确定式采样选择等都是常用的选择算子，本书采用比例算子，即比例选择方法（Proportional Model），是一种回放式随机采样的方法。其基本思想是：各个个体被选中的概率与其适应度大小成正比，适应度越高的个体被选中的概率越大；反之，适应度越低的个体被选中的概率越小。由于是随机操作的原因，这种选择方法的选择误差比较大，有时甚至连适应度较高的个体也选不上。

（2）交叉算子

在生物的自然进化过程中，两个同源染色体通过交配而发生重组，形成新的染色体。交配重组是生物遗传和进化过程中的一个主要环节。

遗传算法中的所谓交叉运算，是指对两个相互配对的染色体按某种方式相互交换其部分基因，从而形成两个新的个体。交叉运算是遗传算法区别于其他进化运算的重要特征，它在遗传算法中起着关键作用，是产生新个体的主要方法。

遗传算法中，在交叉运算之前还必须先对群体中的个体进行配对。目前常用的配对算法策略是随机配对，即将群体中的 M 个个体以随机的方式组成［M/2］对配对个体组，交叉操作是在这些配对个体组中的两个个体之间进行的。单点交叉、双点交叉及多点交叉、均匀交叉等都是适合于编码个体的交叉算子。本书依据选定的交叉率 Pc 选择双点交叉。双点交叉（Two-point Crossover）是指在个体编码串中随机设置了两个交叉点然后再进行部分基因交换。双点交叉的具体操作过程是：

①在相互配对的两个个体编码串中随机设置两个交叉点。

②交换两个个体在所设定的两个交叉点之间的部分染色体。

（3）变异算子

在生物的遗传和自然进化过程中，其细胞分裂复制环节有可能会因为某些偶然因素的影响而产生一些复制差错，这样会导致生物的某些基因发生某种变异，从而产生出新的染色体，表现出新的生物性状。模仿生物遗传和进化过程中的变异环节，在遗传算法中也引入了变异算子来产生新的个体。

遗传算法中的所谓变异运算，是指将个体染色体编码串中的某些基因座上的基因值用该基因座的其他等位基因来进行替换，从而形成一个新的个体。

从遗传运算过程中产生新个体的能力方面来说，交叉运算是产生新个体的主要方法，它决定了遗传算法的全局搜索能力。而变异运算只是产生新个体的辅助方法，但它也是必不可少的一个步骤，因为它决定了遗传算法的局部搜索能力。交叉算子与变异算子的相互配合，共同完成对搜索空间的全局搜索和局部搜索，从而使得遗传算法能够以良好的搜索性能完成最优化问题的寻优过程。

基本位变异、均匀变异、边界变异、非均匀变异和高斯变异等都是一些适合于二进制编码个体和浮点数编码个体的变异操作。

4. 最大进化代数

终止代数是表示遗传算法运行结束条件的一个参数，它表示遗传算法运行到指定的进化代数之后就停止运行，并将当前群体中的最佳个体作为最优解进行输出。

对于一个具有稳定结构的神经网络，遗传算法可以减少针对某一特定应用的权重和参数的训练工作量。上面的介绍中给出了用遗传算法优化网络结构和训练已知网络优化其权值的两种算法过程。同时，还描述了用遗传算法优化 BP 网络初始权值的求解过程，即如何选择编码方法、选择算子、交叉算子等，并且比较了各种编码方法和算子的特点。

七、预测模型设计

根据构造 BP 网络进行数据挖掘的仿真实验，需采用遗传算法对初始权值优化。针对样本数据库的特点，需要一个合理的网络结构，所以在对网络模型的设计中也采用了一些优化方法。下面我们利用 BP 网络对某大型超市某类商品的销售趋势进行预测，这是一项由多因素集合而成的非线性行为模式，其中隐含了极大的不确定性，却又蕴含着某种必然联系。

（一）数据样本筛选与预处理

数据样本的筛选和预处理是模型建立开始就要解决的一个重要问题，是研究对象和网络模型的接口。数据选择的目的是辨别出需要分析的数据集合，缩小范围，提高数据挖掘的质量。将数据选择好之后，在进行挖掘之前还需对数据进行相关预处理。数据预处理是为了克服目前数据挖掘工具的局限性。数据预处理就是对选择的干净数据进行增强处理的过程，即解决数据中的缺值、冗余、数据值的不一致、数据定义的不一致、过时的数据等问题。还包括对时序数据的整理和归并，以此保证数据的完整性和正确性。数据挖掘过程中的数据选择与预处理是组成数据准备的核心。在这些步骤中所花费的时间或精力要比其他步骤的总和还多。

对于物流市场而言，样本数据要尽可能地正确反映交易规律，同时要顾及网络本身的性能，需考虑以下几方面：

（1）数据样本的筛选

物流市场受到很多因素的影响，是个不太稳定的变化过程。因此，必须选取正常情况下（没有或少有数据大起大落的不稳定现象）的物流样本数据。如果样本选取很特殊，就只能抽取到某种特定的规律，降低网络的推广能力。

（2）样本向量的确定

如果使用多个分向量，则各分向量应该选取能充分反映物流量特征的定量指标。同时需要考虑的是各个时刻的指标数据在一定范围内又是互相关联、互相影响的，也就是说，样本内部特征是交叉的。这里不仅考虑了短期因素的影响，同时也兼顾了长期因素的平衡作用。

（3）样本的规范化处理

由于衡量的指标各不相同，原始样本各个分量数量级有很大差异，这就需要对样本进行规范化处理。通过将属性数据按比例缩放，使之落入一个小的特定区域，如 0.0 到 1.0，对属性规范化。在使用神经网络算法时，对于训练样本属性度量输入值规范化将有助于加快学习阶段的速度。三种常用的数据规范化方法是最小—最大规范化、z-score 规范化、按小数定标规范化。

（二）遗传算法优化 BP 网络的初始权值

BP 神经网络的训练部分分成两部分：首先用遗传算法来优化网络的初始权值；然后再用 BP 算法来训练样本数据，得到网络模型。

遗传算法的求解过程如下所述：

（1）确定种群规模、评价函数

随机产生 N 组 BP 网络的初始权值，N 即为种群规模，本书取 N=50，权重初始化空间 B=[-10，10]。由网络误差 E 得到遗传操作的评价函数即适应度 F=1/E，网络误差越小，评价函数越大。

（2）根据适应度、选择率在 GA 空间进行选择操作

首先将最佳染色体直接进入下一代，再根据选择率 Ps 采用比例选择法进行选择，这里 Ps=0.08。

（3）依据选定的交叉率 Pc=0.9

采用双点交叉对父代个体的基因部分交换重组，产生新个体。其目的是将优良的信息传到下一代的某个染色体中，使该染色体具有优于其父辈的性能。

（4）变异的目的是为了保持染色体的多样性

防止早熟现象发生，实现 GA 空间的全局搜索。本书选取变异率 Pm=0.003。

重复以上步骤，直到进化代数达到要求或网络误差满足条件时结束遗传算法，选择网络误差最小的一组权值作为 BP 网络训练的初始权值，再利用 BP 算法进行训练，使最终误差达到要求。本书取最大进化代数 gem=100。

BP 神经网络是目前应用最为广泛的一种神经网络学习算法，具有理论依据坚实，推导过程严谨，物理概念清晰及通用性好等优点。但是，BP 算法同时存在着收敛速度慢，有可能陷入局部最小，以及网络参数（如中间层神经元的个数）和训练参数（如学习率、误差阈值等）难以确定等缺点。遗传算法（Genetic Algorithm）是基于自然选择和遗传机制，在计算机上模拟生物进化机制的寻优搜索算法。它能在复杂而庞大的搜索空间中自适应地搜索，寻找出最优或准最优解，且有算法简单、适用、鲁棒性强等优点。本书通过介绍 BP 算法和遗传算法基本原理的基础上，将它们结合起来，用遗传算法优化 BP 神经网络的初始权值的方法建立预测模型，进行了商业行为趋势的仿真实验。

网络结构的设计直接影响到实验结果。因此，在输入输出参数、层数和节点的选取上，需要根据样本数据来选择。考虑到预测的目标和样本数据属性的复杂性，我们只选取六个参数作为输入节点和一个输出节点。隐层根据网络递增法，同时用 A.J.Maren 估值方法来确定。激励函数选择 Sigmoid 函数和双曲正切函数。误差函数选取经典 BP 算法的 LMS 算法。以此建立基于 BP 网络的预测模型。

在上述模型基础上，本书采用了遗传算法优化其初始权值，其中，也需考虑算法的性能。于是编码方式采用实数编码方法，选择操作采用比例选择法，交叉操作采用双点交叉。

由于用遗传算法来训练 BP 网络，可同时对网络的连接权值和结构进行学习，可得到更好的学习效果，所得到的网络具有良好的自适应特性。就遗传算法本身来说，交叉算子是试图使群体个体之间互相交换有效基因,通过结构上的变化来寻找更好的解的个体结构,反映一种质变的过程。对神经网络而言，有效基因显然是其隐节点的个数包括其相应的权值。因此，对遗传—神经网络而言，交叉算子为神经网络个体之间交换其隐节点的过程。这里参与交叉操作的两个个体交叉点可以不同，相互交换的基因数即隐节点个数也不同。这样交叉操作可引起基因数即网络规模的改变，于是在实现权值学习的同时实现了网络结构的学习。

第二节　基于支持向量机的黑客拦截模型

从20世纪90年代开始，计算机网络技术的迅猛发展在极大地便利了人们资源共享的同时，也便利了网络黑客的快速发展。为了能在与黑客的斗争中取胜，计算机工作者们想尽了办法，于是各种各样的网络入侵检测技术应运而生。本节在对黑客入侵特征和对一般的入侵检测系统的分析和研究的基础上，通过比较传统的特征提取和选择的算法，提出了一种基于支持向量机的黑客入侵行为拦截的方法。

一、黑客攻击的特征与类型

（一）黑客

“黑客”是来源于英文“Hacker”的译音。Hacker的原意是指用来形容独立思考，然而却奉公守法的计算机迷以及热衷于设计和编制计算机程序的程序设计者和编程人员。然而，随着社会发展和技术的进步，出现了一类专门利用计算机进行犯罪的人，即那些凭借其自己所掌握的计算机技术，专门破坏计算机系统和网络系统，窃取政治、军事、商业秘密，或者转移资金账户、窃取金钱，以及不露声色地捉弄他人，秘密进行计算机犯罪的人。本节所指的黑客指的是恶意的黑客。

（二）黑客攻击特征

黑客（Hacker）的攻击行为特征可以通过考查计算机系统提供信息服务的功能得到。通常，信息服务要通过信息传输实现，故存在以一文件或存储器作为源端，以另一文件或用户为目的的端的信息流。

中断（Interruption）：该攻击是通过破坏硬件基础设施。例如，中断通信线路或使文件管理系统瘫痪或对网络中间结点的破坏使得系统中断。

截取（Interception）：未授权的攻击方可以访问到系统，最典型的是对网络线路上的信息（包括明文与加密信息）的窃听与分析，这是对保密性的攻击。

篡改（Modification）：未授权的攻击方可以访问到系统，并能篡改系统的有关数据，如篡改系统的重要文件，非法执行某个程序，篡改网络中传输的信息内容，这是对完整性的攻击。

伪造（Fabrication）：未授权的攻击方利用伪造的信息诱骗系统。如在网络上发送伪造的数据被接收方接收，这是对验证的攻击。

（三）黑客攻击与安全漏洞

1. 安全漏洞的概念

漏洞是在硬件软件协议的具体实现或系统安全策略上存在的缺陷，从而可以使攻击者能够在未授权的情况下访问或破坏系统。

具体举例来说，Microsoft SQL Server 是微软公司开发和维护的大型数据库系统。Microsoft SQL Server 对特殊构建的超大数据缺少正确检查，远程攻击者可以利用这个漏洞对程序进行拒绝服务攻击。攻击者重复发送 700000 字节长的包含特定字符的数据给“Mssqiserver”服务，可导致数据库服务崩溃，造成拒绝服务攻击。

2. 安全漏洞与攻击之间的关系

漏洞虽然可能最初就存在于系统当中，但一个漏洞并不是自己出现的，必须要有人发现。在实际使用中，用户会发现系统中存在错误，而入侵者会有意利用其中的某些错误并使其成为威胁系统安全的工具，这时人们会认识到这个错误是一个系统安全漏洞。系统供应商会尽快发布针对这个漏洞的补丁程序，纠正这个错误。这就是系统安全漏洞从被发现到被纠正的一般过程。攻击者往往是安全漏洞的发现者和使用者，要对一个系统进行攻击，如果不能发现和使用系统中存在的安全漏洞是不可能成功的。对于安全级别较高的系统尤其如此。

系统安全漏洞与系统攻击活动之间有紧密的关系。因而不该脱离系统攻击活动来谈论安全漏洞问题，同样也不能脱离安全漏洞问题来谈论系统攻击。

（四）黑客攻击类型

1. 拒绝服务 DoS（Denial of Service）攻击

拒绝服务攻击是新兴攻击中最令人厌恶的攻击方式之一。因为目前网络中几乎所有的机器都在使用着 TCP/IP 协议。这种攻击主要是用来攻击域名服务器、路由器以及其他网络操作服务，攻击之后造成被攻击者无法正常运行和工作，严重的可以使网络一度陷入瘫痪。拒绝服务攻击是指一个用户占据了大量的共享资源，使系统没法将剩余的资源分配给其他用户再提供服务的一种攻击方式。拒绝服务攻击的结果可以降低系统资源的可用性，这些资源可以是 CPU、CPU 时间、磁盘空间、打印机，甚至是系统管理员的时间，结果往往是减少或者失去服务。

一般的拒绝服务类型主要有两种：第一种就是试图破坏资源，使目标无人可以使用这个资源；第二种就是过载一些系统服务或者消耗一些资源。但这个有时候是攻击者攻击所造成的，也有时候是因为系统出错造成的。但是通过这样的方式可以造成其他用户不能使用这个服务。

（1）死亡之 Ping（Ping of Death）

描述：由于在早期的阶段，路由器对包的最大尺寸都有限制，许多操作系统对 TCP/IP 的实现在 ICMP 包上都是规定 64KB，并且在读取包的标题头之后，要根据该标题头里包含的信息来为有效载荷而生成缓冲区，当产生畸形时，声称自己的尺寸超过 ICMP 上限的包也就是加载的尺寸超过 64KB 上限时，就会出现内存分配错误，导致 TCP/IP 堆栈崩溃，致使接受方死机。

（2）泪滴（Teardrop）

描述：许多系统在处理分片组装时存在漏洞，发送异常的分片包会使系统运行异常，Teardrop 便是一个经典的利用这个漏洞的攻击程序。其原理如下（以 Linux 为例）：

发送两个分片 IP 包，其中第二个 IP 包完全与第一个在位置上重合。

在 linux（2.0 内核）中有以下处理：当发现有位置重合时（offset2 < Cend1）。Met 向后调到 end1（off set2=end1），然后更改 lent 的值：lent=end2-offset2：注意此时 lent 变成了一个小于 0 的值，在以后处理时若不加注意便会出现溢出情况。

（3）UDP 洪水（UDP flood）

描述：各种各样的假冒攻击利用简单的 TCP/IP 服务，如 Chargen 和 Echo 来传送毫无用处的占满带宽的数据。通过伪造与某一主机的 Chargen 服务之间的一次 UDP 连接，回复地址指向开着 Echo 服务的一台主机，这样就生成在两台主机之间的足够多的无用数据流，如果足够多的数据流就会导致带宽的服务攻击。

（4）SYN 洪水（SYN flood）

描述：TCP 连接的建立需三次握手，客户首先发 SYN 信息，服务器发回 SMACK，客户接到后再发回 ACK 信息，此时连接建立。若客户不发回 ACK，则 SERVER 在 TIMEOUT 后处理其他连接。攻击者可假冒服务器端无法连接的地址向其发出 SYN，服务器向这个假的 IP 发回 SYN/ACK，但由于没有 ACK 发回来，服务器只能等 TH-VIEOUT。大量的无法完成的建立连接请求会严重影响到系统性能。

（5）Smurf 攻击

描述：一个简单的 Smurf 攻击通过把 ICMP 应答请求（Ping）数据包的回复地址设置成受害网络的广播地址，最终导致该网络的所有主机都对此 ICMP 应答请求做出答复，导致网络阻塞，比 Ping of Death 洪水的流量高出一或两个数量级。更加复杂的 Smurf 将源地址改为第三方的受害者，最终导致第三方发生雪崩。

（6）Fraggle 攻击

描述：Fraggle 攻击对 Smurf 攻击做了简单的修改，使用的是 UDP 应答消息而非 ICMP。

（7）Slashdot effect 攻击

描述：这种攻击手法使 web 服务器或其他类型的服务器由于大量的网络传输而过载，一般这些网络流量是针对某一个页面或一个链接而产生的当然这种现象也会在访问量较大的网站上正常发生，但我们一定要把这些正常现象和拒绝服务攻击区分开来。

（8）Jolt2 攻击

描述：Jolt2 是新的利用分片进行的攻击程序，几乎可以造成当前所有的 Windows 平台（95，98，NT，2000）死机。原理是发送许多相同的分片包，且这些包的 offset 值（65520 bytes）与总长度（48 bytes）之和超出了单个 IP 包的长度限制（65536 bytes）。

（9）电子邮件炸弹

描述：E-MAIL 炸弹原本泛指一切破坏电子邮箱的办法，一般的电子邮箱容量在 5 ~ 6M 以下，平时大家收发邮件，传送软件都会觉得容量不够，如果电子邮箱一下子被几百、几千甚至上万封电子邮件所占据，这时电子邮件的总容量就会超过电子邮箱的总容量，造成邮箱超负荷而崩溃。Kaboom3、Upyours4、Avalanche v2.8 就是人们常见的几种邮件炸弹。

（10）Land 攻击

描述：在 Land 攻击中，一个特别打造的 SYN 包它的源地址和目标地址都被设置成某一个服务器地址，此举将导致接收服务器向它自己的地址发送 SYN-ACK 消息，结果这个地址又发回 ACK 消息并创建一个空连接，每一个这样的连接都将保留直到超时掉，不同的系统对 Land 攻击的反应不同，许多 UNIX 系统会崩溃，NT 提供服务的速度会变的极其缓慢。

（11）分布式拒绝服务（DDoS）攻击

描述：这是一种特殊形式的拒绝服务攻击。它是利用多台已经被攻击者所控制的机器对某一台单机发起攻击，在这样的带宽相比之下被攻击的主机很容易失去反应能力。现在这种方式被认为是最有效的攻击形式，并且难于防备。但是利用 DDoS 攻击是有一定难度的，没有高超的技术是很难实现的，因为不但要求攻击者熟悉攻击的技术而且还要有足够的时间。而现在却因为有了黑客编写出的傻瓜式的工具的帮助，也就使得 DDoS 攻击相对变得简单了。比较杰出的此类工具目前网上可找到的有 Trin00、TFN 等。这些源代码包的安装使用过程比较复杂，因为你首先得找到目标机器的漏洞，然后通过一些远程溢出漏洞去攻击程序，获取系统的控制权，再在这些机器上安装并运行 DDoS 分布端的攻击守护进程。

2. 利用型攻击

利用型攻击是一类试图直接对被攻击的机器进行控制的攻击，最常见的有 3 种。

（1）口令攻击法

黑客攻击目标时常常把破译普通用户的口令作为攻击的开始。先用 Finger 远端主机名找出主机上的用户账号，然后采用字典穷举法进行攻击。

若这种方法不能奏效，黑客就会仔细寻找目标的薄弱环节和漏洞，伺机夺取目标中存放口令的文件 Shadow 或 Passwdo 因为在现代的 Unix 操作系统中，用户的基本信息存放在 Passwd 文件中，而所有的口令则经过 DES 加密方法加密后专门存放在一个叫 Shadow 的文件中。并处于严密的保护之下。一旦夺取口令文件，黑客们就会用专解 DES 加密法的程序来解口令。

（2）特洛伊木马

特洛伊木马其实是很难定义的。原则上它和 Laplink、PCaywhere 等程序一样，只是一种远程管理工具。而且本身不带伤害性，也没有感染力，所以不能称之为病毒（也有人称之为第二代病毒）。但被很多反病毒程序视之为病毒。原因是如果让有些人不当地使用，破坏力可以比病毒更大，也更具有威胁性。特洛伊木马的特征：

①不需要本身的使用者准许就可获得计算机的使用权；

②令程序体积十分稀少，执行时不会占用太多资源；

③执行时很难停止它的活动；

④执行时不会在系统中显示出来；

⑤一次执行后，自动登录在系统激活区，之后每次在 Windows 加载时自动执行；

⑥一次执行后，就会自动变更文件名，甚至隐形；

⑦一次执行后，会自动复制到其他资料夹中；

⑧做到连本身使用者都无法执行的动作。

经常被黑客使用的恶意程序包括 NetBus，Back-Orifice 和 B02k，用于控制系统的良性程序如 netcat、VNC、pcAnywhere。

（3）缓冲区溢出

缓冲区溢出漏洞可以使任何一个有黑客技术的人取得机器的控制权甚至是最高权限。黑客要达到目的通常要完成两个任务，就是在程序的地址空间里安排适当的代码和通过适当的初始化寄存器和存储器，让程序跳转到安排好的地址空间执行。

3. 信息收集型攻击

（1）网络命令

通过网络命令收集网络信息时，需要熟悉各种命令。对命令执行后的输出进行分析。例如经常使用以下一些命令：

① Ping 命令

Ping 命令经常用来对 TCP/IP 网络进行相关诊断。通过对目标计算机发送一个数据包，让它将这个数据包返送回来，如果返回的数据包和发送的数据包一致，那就是说你的 Ping 命令成功了。通过对返回的数据进行分析，就能判断计算机是否开着，或者这个数据包从发送到返回需要花多少时间。

② Tracert 命令

用来跟踪一个消息从一台计算机到另一台计算机所走的路径。

③ Rusers 和 Finger 命令

这两个都是 Unix 命令。通过这两个命令，你能收集到目标计算机上的有关用户的信息。

④ Host 命令

host 是一个 Unix 命令，它的功能和标准的 Nslookup 查询一样。唯一的区别是 Host 命令比较容易理解。Host 命令的危险性很大，能得到的信息十分多，其中包括操作系统、机器和网络的很多数据。

⑤ Finger 命令

Finger 命令能告诉你谁登陆到了该系统，用户何时登陆，从何处登陆，最后一次登陆时间，空闲时间，是否有邮件，甚至他们的生日。在 Windows 系统中与之相似的命令是 Nbtstat。

（2）扫描器技术

扫描器并不是一个直接的攻击网络漏洞的程序，它仅仅能帮助我们发现目标机的某些内在的弱点。一个好的扫描器能对它得到的数据进行分析，帮助我们查找目标机的漏洞，但它不会提供进入一个系统的详细步骤。扫描器应该有三项功能：发现一个主机或网络的能力；一旦发现一台主机，有发现什么服务正运行在这台主机上的能力；通过测试这些服务，发现漏洞的能力。

（3）嗅探器（Sniffer）

通常在同一个网段的所有网络接口都有访问在物理媒体上传输的所有数据的能力，而每个网络接口都还应该有一个硬件地址，该硬件地址不同于网络中存在的其他网络接口的硬件地址，同时，每个网络至少还要有一个广播地址（代表所有的接口地址）。在正常情况下，一个合法的网络接口应该只响应这样的两种数据帧：

①帧的目标区域具有和本地网络接口相匹配的硬件地址。

②帧的目标区域具有“广播地址”。

在接收到上面两种情况的数据包时，nc 通过 CPU 产生一个硬件中断，该中断能引起操作系统注意，然后将帧中所包含的数据传送给系统进一步处理。而 Sniffer 就是一种能将本地 nc 状态设成混杂（Promiscuous）状态的软件，当 nc 处于这种“混杂”方式时，该 nc 具备“广播地址”，它对所有遭遇到的每一个帧都产生一个硬件中断以便提醒操作系统处理流经该物理媒体上的每一个报文包。可见，Sniffer 工作在网络环境中的底层，它会拦截所有的正在网络上传送的数据，并且通过相应的软件进行处理，可以实时分析这些数据的内容，进而分析所处的网络状态和整体布局。

通过拦截数据包，攻击者可以很方便记录别人之间敏感的信息，或者干脆拦截整个的 E-mail 会话过程。通过对底层的信息协议记录，比如，记录两台主机之间的网络接口地址、远程网络接口 IP 地址、IP 路由信息和 TCP 连接的字节序列号等。这些信息由非法攻击的人掌握后将对网络安全构成极大的危害，电子欺骗就是采用这种技术。

4. 欺骗攻击

（1）IP 欺骗

在 TCP 序列号预测的基础上，IP 欺骗是一种典型的攻击方式，这在没设防火墙或路由器，或者防火墙配置不当的情况下很容易被突破。IP 欺骗是黑客假冒其主机是内部信任的主机，对外出的 IP 报文，黑客将其原 IP 地址替换成信任主机的 IP 地址，而且是目标主机上的 //etc/hosts，equiv 或 rhosts 文件中所列的信任主机，NFS 的 Mount 等操作都是基于 IP 地址的验证，一旦黑客知道双方基于 IP 地址的信任关系，远端主机就可以假冒信任主机发起 TCP 连接，并且预测到目标主机的 TCP 序列号，从而伪造有害数据包，被目标主机所接受，如果进攻者发送了重要的系统命令被执行，后果将极其严重。

（2）ARP 欺骗

ARP 欺骗是 IP 欺骗的变形，而且利用了相同的弱点。在 ARP 中，认证也是基于地址的。不同的是 ARP 所依赖的是硬件地址。

在 ARP 欺骗中，攻击者的目标是维持其地址不变，但是却假装其地址为可信任主机 IP 地址。要想达到这一目的，攻击者同时向目标主机和缓存区发送伪造的映射信息。这样来自目标主机的包就根据路由器被发送到攻击者的硬件地址。此时目标主机就以为攻击者的计算机是实际的可信任主机。

ARP 欺骗攻击受到几种限制。其一就是当包到达初始网段时，一定的智能硬件可以使这种攻击不造成什么危害。而且，默认情况下缓存中的内容很快就会过期（大约每五分钟一次）。因此，在攻击时，攻击者很少有机会再次更新缓存内容。

（3）DNS 欺骗

在 DNS 欺骗中，黑客危害 DNS 服务器，而且直接修改主机名 IP 地址表。而这些变化都被写入了 DNS 服务器中的转换表数据库。因此，当客户发出请求查询后，他或者她所得到的是一个伪造的地址。这个地址将是一个完全在黑客控制之下的计算机的 IP 地址。

二、一般的入侵检测系统

（一）入侵检测系统（IDS）的概念

入侵检测（Intrusion Detection）即通过对计算机网络或计算机系统中的若干关键点收集信息并对其进行分析，从而发现网络或系统中是否有违反安全策略的行为和被攻击的迹象。进行入侵检测的软件与硬件的组合便是入侵检测系统（Intrusion Detection System，简称 IDS）。

入侵检测系统主要通过以下几种活动来完成任务：

（1）监测并分析用户和系统的活动；（2）核查系统配置和漏洞；（3）评估系统关键资源和数据文件的完整性；（4）识别已知的攻击行为；（5）统计分析异常行为；（6）操作系统日志管理，并识别违反安全策略的用户活动。

除此之外，有的入侵检测系统还能够自动安装厂商提供的安全补丁软件，并自动记录有关入侵者的信息。

（二）入侵检测系统的 CIDF 模型

Common Intrusion Detection Framework（CIDF）阐述了一个入侵检测系统（IDS）的通用模型。它将一个入侵检测系统分为以下组件：

事件产生器（Event generators）；

事件分析器（Event analyzers）；

响应单元（Response units）；

事件数据库（Event databases）。

CIDF 将 IDS 需要分析的数据统称为事件（Event），它可以是网络中的数据包，也可以是从系统日志等其他途径得到的信息。

（三）入侵检测系统的分类

按数据来源的不同，可以将入侵检测系统分为基于网络的入侵检测系统和基于主机的入侵检测系统及混合型入侵检测系统。按数据在何处处理和怎样处理，将 IDS 分为分布式和集中式两种。按所使用的入侵检测的模型，将 IDS 分为异常检测、误用检测和复合检测。

（四）入侵检测技术

网络安全技术主要有认证授权、数据加密、访问控制、安全审计。入侵检测技术是安全审计中的核心技术之一，是网络安全防护的重要组成部分。

1. 入侵检测技术分类

入侵检测系统所采用的技术可分为特征检测与异常检测两种。

（1）特征检测

特征检测（Signature-based detection）又称 Misuse detection，对于特征检测来说，首先要定义违背安全策略的事件的特征，如网络数据包的某些头信息。检测主要判别这类特征是否在所收集到的数据中出现。

（2）异常检测

异常检测（Anomaly detection）先定义一组系统“正常”情况的数值，如 CPU 利用率、内存利用率、文件校验和等（这类数据可以人为定义，也可以通过观察系统并用统计的方法得出），然后将系统运行时的数值与所定义的“正常”情况比较得出是否有被攻击的迹象。这种检测方式的核心在于如何定义所谓的“正常”情况。

采用以上两种检测技术对攻击进行检测得出的结果有很大的差异。特征检测技术的核心是维护一个知识库，对于已知的攻击可以详细、准确地报告出攻击类型，但是对于未知的攻击效果有限，而且知识库必须不断去更新。基于异常的检测技术无法准确地判断出攻击手段，但是可以判别更广泛甚至未被发觉的攻击手段。两种检测技术结合起来效果更好。

2. 常用的入侵检测方法

入侵检测系统常用的检测方法有特征检测、统计检测和专家系统。据公安部计算机信息系统安全产品质量监督检验中心的报告，国内送检的入侵检测产品中 95% 是属于使用入侵模板进行模式匹配的特征检测产品，其他 5% 是采用概率统计的统计检测产品与基于专家知识库的检测产品。

（1）特征检测

特征检测对已知的攻击或入侵的方式做出确定性的描述形成相应的事件模式。当被审计的事件与已知的入侵事件模式相匹配时，即报警。其原理与专家系统相仿，其检测方法与计算机病毒的检测方法类似。目前基于对包特征描述的模式匹配应用较为广泛。该方法预报检测的准确率较高，但对于无经验知识的攻击与入侵行为依然无能为力。

（2）统计检测

统计模型常用异常检测，在统计模型中常用的测量参数包括审计事件的数量、时间间隔和资源消耗等。常用的入侵检测五种统计模型为：

①操作模型

操作模型假设异常可通过测量结果与一些固定指标相比较得到，固定指标可以根据经验值或一段时间内的统计平均得到。举例来说，在短时间内的多次失败的登录很有可能是口令尝试攻击。

②方差

计算参数的方差，设定其置信区间，当测量值超过置信区间的范围时表明有可能是异常。

③多元模型

操作模型的扩展，通过同时分析多个参数来实现检测。

④马尔柯夫过程模型

将每种类型的事件定义为系统状态，用状态转移矩阵来表示状态的变化，当一个事件发生时或状态矩阵的转移概率较小时则可能是异常事件。

⑤时间序列分析

将事件计数与资源耗用根据时间排成序列，如果一个新事件在该时间发生的概率较小则可能是入侵。

统计方法的最大优点是它可以“学习”用户的使用习惯，从而具有较高的检出率和可用性。但是它的“学习”能力也给入侵者以机会通过逐步“训练”使入侵事件符合正常操作的统计规律从而通过检测系统。

（3）专家系统

用专家系统对入侵进行检测，经常是针对有特征的入侵行为。所谓的规则即是知识，不同的系统与设置具有不同的规则，且规则之间往往无通用性。专家系统的建立依赖于知识库的完备性，知识库的完备性又取决于审计记录的完备性和实时性。入侵的特征提取与表达是入侵检测专家系统的关键。在系统实现中，将入侵的知识转化为 If then 结构，条件部分是入侵特征，Then 部分是系统防范措施。运用专家系统防范入侵行为的有效性完全取决于专家系统知识库的完备性。

（五）黑客攻击与入侵检测系统的关系

入侵检测系统要检测出异常入侵行为就必须要正确而有效地提取和选择异常入侵行为的特征，那么提取和选择黑客的攻击特征理所当然地成为黑客拦截系统的重要部分。

三、特征提取和选择

（一）模式识别及其系统

模式识别诞生于 20 世纪 20 年代，随着 40 年代计算机的出现，50 年代人工智能的兴起，模式识别在 60 年代初迅速发展成一门学科。它所研究的理论和方法在很多学科和技术领域中得到了广泛的重视，推动了人工智能系统的发展，扩大了计算机应用的可能性。几十年来，模式识别研究取得了大量的成果，在很多地方得到了成功的应用。但由于计算机并不具有人的智能，所以计算机的模式识别仍是面临的一个难题。

模式识别系统有两种基本的模式识别方法，即统计模式识别方法和结构（句法）模式识别方法。其中统计模式识别是目前研究和应用最为广泛的模式识别方法。每个模式识别系统都是由设计和实现两个过程所组成，其中设计是指用一定数量的样本进行分类器的设计，而实现是指用所设计的分类器对待识别的样本进行分类决策。基于统计方法的模式识别系统主要由四个部分组成：数据获取、预处理、特征提取和选择、分类决策。

数据获取：为了使计算机能够对各种现象进行分类识别，要用计算机可以运算的符号来表示所研究的对象。通常输入对象的信息有下列三种类型，即：

（1）二维图像，如文字、指纹、地图、照片这类对象；（2）一维波形，如脑电图、心电图、机械震动波形等；（3）物理参量和逻辑值。

通过测量、采样和量化，可以用矩阵或向量表示二维图像或一维波形，这就是数据获取的过程。

预处理：为了去除噪音，加强有用的信息，并对输入测量仪器或其他因素造成的退化现象进行复原操作。

特征提取和选择：由于图像或波形所获得的数据量非常大，所以为了有效地实现分类识别，就要对原始数据进行变换，得到最能反映分类本质的特征。这就是特征提取和分类（由于两者不可分割，所以我们统称为特征提取）过程。在本书中，我们着重对特征的提取进行了详细的研究。

分类决策：就是在特征空间中用统计方法把被识别对象归为某一类别。基本做法是在样本训练集基础上确定某个判决规则，使按这种判决规则对被识别对象进行分类所造成的错误识别率最小或引起的损失最小。

（二）特征提取的基本概念和常用算法

特征的提取是模式识别的重要组成部分。因此，一个较完善的模式识别系统，肯定存在着特征提取的技术部分。特征提取通常处于对象特征数据采集和分类识别两个环节之间，其方法的优劣极大地影响着分类器的设计和性能，因此已成为模式识别核心技术之一。在本书中，我们将主要研究统计模式识别的特征提取方法。

1. 原始特征

根据被识别的对象产生出一组基本特征，它可以是计算出来的（当识别对象是波形或数字图像时），也可以是用仪表或传感器测量出来的（当识别对象是实物或某种过程时），这样产生出来的特征就叫作原始特征。

2. 特征的提取

原始特征的数量可能很大，或样本是处于一个高维空间中，通过映射（或变换）的方法可以用低维空间来表示样本，这个过程叫特征提取。映射后的特征叫二次特征，它们是原始特征的某种组合（通常为线性组合）。所谓的特征提取在广义上就是指一种变换。若 Y 是测量空间，X 是特征空间，则变换 A：Y → X 就是特征提取器。

3. 特征的选择

从一组特征中挑选出一些最有效的特征以达到降低特征空间维数的目的，这个过程叫作特征选择。它与特征的选取并不是截然分开的：可以先将原始特征空间映射到维数较低的空间，在这个空间中再去进行特征选择，以进一步降低维数；也可以先经过选择去掉那些明显没有分类信息的特征，再进行映射，以降低维数。

4. 类别可分离性判别

类别可分离性判别不属于特征提取的概念，但我们在这里要提到它主要是因为它和模式的识别有着重要的关系。特征提取的任务是求出一组对分类最有效的特征，然后利用这些特征进行随后的分类。因此，我们需要一个定量的准则或判据来衡量分类的有效性，这就是类别可分离性判别。具体来说，把一个高维空间变换为低维空间的映射是很多的，哪种映射对分类最有利，还需要确定一个标准。可分性判据的类内类间距离、基于概率分布的可分性判据和基于熵函数的可分性判据是最常用的判据。下面将详细介绍可分性判据的类内类间距离。

（三）网络黑客特征的提取和选择

1. TCP/IP 网络数据包结构

TCP 数据被封装在一个 IP 数据报中。

每个 TCP 段都包含源端和目的端的端口号，用于寻找发端和收端应用进程。这两个值加上 IP 首部中的源端 IP 地址和目的端 IP 地址可以确定一个唯一的 TCP 连接。

有时，一个 IP 地址和一个端口号也称为一个插口（socket）。这个术语出现在最早的 TCP 规范（RFC793）中，后来它也作为表示伯克利版的编程接口。插口对（socket pair）（包含客户 IP 地址、客户端口号、服务器 IP 地址和服务器端口号的四元组）可唯一确定互联网络中每个 TCP 连接的双方。

序号用来标识从 TCP 发端向 TCP 收端发送的数据字节流，它表示在这个报文段中的第一个数据字节。如果将字节流看作在两个应用程序间的单向流动，则TCP用序号对每个字节进行计数。序号是32 bit的无符号数，序号到达232-1后又从0再开始。

当建立一个新的连接时，SYN标志变1。序号字段包含由这个主机选择的该连接的初始序号ISN（Initial Sequence Number）。该主机要发送数据的第一个字节序号为这个ISN加1，因为SYN标志消耗了一个序号（HN标志也要占用一个序号）。

既然每个传输的字节都被计数，确认序号包含发送确认的一端所期望收到的下一个序号。因此，确认序号应当是上次已成功收到数据字节序号加1。只有ACK标志为1时确认序号字段才有效。

发送ACK无须任何代价，因为32 bit的确认序号字段和ACK标志一样，总是TCP首部的一部分。因此，我们看到一旦一个连接建立起来，这个字段总是被设置，ACK标志也总是被设置为1。

TCP为应用层提供全双工服务。这意味数据能在两个方向上独立地进行传输。因此，连接的每一端都必须保持每个方向上的传输数据序号。

TCP可以表述为一个没有选择确认或否认的滑动窗口协议。我们说TCP缺少选择确认是因为TCP首部中的确认序号表示发方已成功收到字节，但还不包含确认序号所指的字节。当前还无法对数据流中选定的部分进行确认。例如，如果1 ~ 1024字节已经成功收到，下一报文段中包含序号从2049 ~ 3072的字节，收端并不能确认这个新的报文段。它所能做的就是发回一个确认序号为1025的ACK。它也无法对一个报文段进行否认。例如，如果收到包含1025 ~ 2048字节的报文段，但它的检验和错，TCP 接收端所能做的就是发回一个确认序号为 1025 的 ACK。

首部长度给出首部中 32 bit 字的数目。需要这个值是因为任选字段的长度是可变的。这个字段占 4 bit，因此 TCP 最多有 60 字节的首部。然而，没有任选字段，正常的长度则是 20 字节。

在 TCP 首部中有 6 个标志比特。它们中的多个可同时被设置为 1。我们在这儿简单介绍它们的用法：

URG 紧急指针（urgent pointer）有效；

ACK 确认序号有效；

PSH 接收方应该尽快将这个报文段交给应用层；

RST 重建连接；

SYN 同步序号用来发起一个连接；

FIN 发端完成发送任务。

TCP 的流量控制由连接的每一端通过声明的窗口大小来提供。窗口大小为字节数，起始于确认序号字段指明的值，这个值是接收端正期望接收的字节。窗口大小是一个 16 bit 字段，因而窗口大小最大为 65535 字节。

检验和覆盖了整个的 TCP 报文段：TCP 首部和 TCP 数据。这是一个强制性的字段，一定是由发端计算和存储，并由收端进行验证。TCP 检验和的计算和 UDP 检验和的计算相似。

只有当 URG 标志置 1 时紧急指针才有效。紧急指针是一个正的偏移量，和序号字段中的值相加表示紧急数据最后一个字节的序号。TCP 的紧急方式是发送端向另一端发送紧急数据的一种方式。

最常见的可选字段是最长报文大小，又称为MSS（Maximum Segment Size）。每个连接方通常都在通信的第一个报文段（为建立连接而设置S Y N标志的那个段）中指明这个选项。它指明本端所能接收的最大长度的报文段。

我们注意到TCP报文段中的数据部分是可选的，在一个连接建立和一个连接终止时，双方交换的报文段仅有TCP首部。如果一方没有数据要发送，也使用没有任何数据的首部来确认收到的数据。在处理超时的许多情况中，也会发送不带任何数据的报文段。

2. 网络数据包截取的关键技术

一般来说，报文捕获是通过将网卡设置为混杂模式而实现的。以太网在进行信息传输时，会把分组送到各个网络节点，目的地址匹配的节点接收这些分组，其他的网络节点只做简单的丢弃操作。而接收还是丢弃这些分组由以太网卡所控制。在接收分组时，网卡会过滤出目的地址是自己的分组接收，而不是照单全收。

但是这只是在正常情况下，为了捕获流经相关网段的所有数据报，并过滤掉非自身所在节点为目的地址的数据包，入侵检测系统通常将网卡设置为混杂工作模式（Promiscuous Mode），网卡工作在这种模式下时，可以接受所有的网络分组，而不管分组的目的地址是否是自身。

由于我们的工作是在Windows平台下进行的，所以这里有必要说明一下Windows平台下的网络通信结构，以便于能更好地理解Windows平台下进行报文捕获的原理。

上层应用程序包括IE，Out Look等各种基于网络的软件，网络驱动协议包括TCP/IP、NETBEUI等各种Windows支持的网络层、传输层协议，NDIS是Windows操作系统网络功能驱动的关键部分，下面对NDIS进行介绍。

NDIS（Network Driver Interface Specification） 是Microsoft和3Com公司联合制定的网络驱动规范，它提供了大量的操作函数。它为上层的协议驱动提供服务，屏蔽了下层各种网卡的差别。NDIS向上支持多种网络协议，如TCP/IP，NWLink IPX/SPX，NETBEUI等，向下支持不同厂家生产的多种网卡。NDIS还支持多种工作模式，支持多处理器，提供一个完备的NDIS库（Library）。但库中所提供的各个函数都是工作在核心模式下的，用户不宜直接进行操作，这就需要寻找另外的接口，这就是著名的开发包packet32，由澳大利亚的Canberra大学信息科学与工程系在Windows NT环境下研制成功，应用程序通过它可以设置网卡的工作模式，直接在网卡上读写数据。

Packet32开发包包含两个部分：一部分是Packet驱动，Oemsetup.inf安装信息文件、Packet，sys系统文件，在利用Packet32包开发网络监控程序前，需要用这两个文件安装Packet驱动，并且对Win98与Win2000分别提供支持；另一部分是Packet32程序开发库，包括Packet32.lib静态链接库、Packet32.dll动态链接库，用户可以通过调用库中的函数直接对网卡进行操作，完成数据报的发送、接收和处理。

对Packet32库函数进行太多的介绍似乎没有很大必要，因为这不是本书所要阐述的重点，我们只是简单地介绍一下一般的流程。为监听所有流经系统监测网段的数据包，一般采取如下的步骤即可完成：首先获得本地主机的网络适配器列表和描述，之后打开指定的网络适配器，并获得网络适配器的 MAC 类型和其他相关信息；接下来将网络适配器设置为混杂模式，并创建一个新线程用于监听网络数据报，这样就可以监听流过本地主机的所有网络数据报。

在捕获到网络数据报之后，就可以对数据报进行分析，按照特征提取的要求，提取出可以代表该数据包的相关信息，如端口号、报文头部长度、报文数据段的一个字节内容等，这通过协议分析是容易做到的，因为 TCP/IP 协议簇精确地定义了各种报文的组成格式。从数据包提取出来的这些相关信息组成了用于描述该数据包的特征向量，该向量被提交给 SVM 的输入，SVM 分类引擎对该向量进行分析处理，就可以得出是否有攻击行为发生的结论。

3. 几个简单的黑客攻击行为特征提取

在这一节里，我们将会给出几个简单的针对特定攻击行为的入侵行为特征选取的实例，以进一步说明对特征选取的决策过程，并展示特征选取的不同会怎样影响到黑客拦截系统的误报率和漏报率。事实上，降低误报率和漏报率一直是入侵检测系统的核心问题之一，而优化的特征选取会对这一目标产生积极而深远的影响。

（1）Land 攻击

这是一种比较老式的攻击方式，基本原理是由攻击者对数据报文进行定制，对于熟练的攻击者来说这并不难做到，而且数据报制作工具也有很多。这种数据报的特点是利用 TCP 协议的三次握手机制，在第一步发送的请求建立连接的置位的 SYN 数据报文中，源地址和目的地址都被设置成受害主机 Victim 的地址，Victim 主机接收到这样的数据报文以后会向连接发起者（实际上已经被伪装成自己）发送允许连接的 SYN+ACK 报文，之后又发送连接 ACK 报文建立一个空连接，由于每个连接都要占据系统的时间和空间资源，因此会使受害主机性能急剧下降，甚至是崩溃。

黑客拦截系统为检测出这种攻击方式，可以将 TCP 报文的源地址和目的地址（必要时还可以加上端口信息）作为入侵行为的特征选项。

（2）探测攻击

所谓知己知彼，百战不殆，攻击者在正式攻击之前总会试图尽可能多地了解和掌握攻击目标的各种信息，如操作系统的版本、开放了哪些服务等，以便为进一步攻击打下基础，而如果入侵检测系统能够检测出这种探测，就会有效地降低攻击所造成的危害。这种探测攻击既有简单的 TELNET 命令配置，也有较为成熟复杂的工具，如大名鼎鼎的 NMAP，QUESO 等，流光的新版本也可以实现这个功能。这种探测攻击所发送的数据包是比较特殊的，如发送一个仅仅 FIN 被置位的 TCP 报文，这在 RFC 规定是不被允许的，不应该有回答信息，但是有一些操作系统的实现会对这样的报文产生不同的应答信息，由此攻击者可以鉴别出受害主机的操作系统版本，这是比较常用的方法，还有利用未定义的 TCP 报文标志位 BOGUS 来进行探测等方法，不一一列举。

黑客拦截系统为检测出这种攻击方式，可以将 TCP 报文的标志位置位组合情况作为入侵行为的特征选项。

（3）ICMP 重定向攻击

ICMP 报文主要是用来报告网络的连通情况，如主机不可达、报文超时等路由信息，重定向的含义是路由器向源主机发送一个重定向报文，通知源主机还有更好的路径可以选用，重定向攻击者利用这个原理，将自己伪装成路由器，向受害主机发送报文要求，受害主机将自己作为优选的路由器，从而可以得到受害主机发送的详尽信息。

黑客拦截系统为检测出这种攻击方式，可以检查 IC-MP 报文的 ICMP CODE、ICMP TYPE，检查这两个数值是否被置为代表重定向的数值。

诚如标题所说的，这一节里所举的几个例子是很简单的，这几种简单的入侵行为可以通过检查数据报文首部值检测出来，实际上在基于网络的入侵检测系统实现中，各种数据报文的报文首部值是入侵检测系统特征的首选，有一些入侵检测系统还把报文的前 30 个字节也作为特征，因为大量的研究表明，95% 以上的攻击行为特征码在数据报文的头 30 个字节里即可体现出来。

问题在于，高水平的复杂攻击不会这么简单地被检测出来，仅仅将数据报文头部特征值作为黑客拦截系统的特征在实际应用中是不够充分的，有可能会导致大量的误报和漏报，下面我们会结合实例讨论比较复杂的入侵行为的特征提取问题。

（四）传统的特征提取方法的局限性

特征提取的方法有很多，其中包括现今普遍使用的主分量分析法（P

CA）、线性判别分析法和神经网络法等。但是这些方法大多都是面向问题的，迄今还没有找到一种通用的特征提取方法。因此在解决具体的模式识别问题时，通常要采用不同的特征提取方法。本书将给出一种新的通用学习方法进行特征提取和选择并对其进行分类，这就是支持向量机（SVM）算法。

四、支持向量机的基本原理和算法

（一）统计学习理论

与传统统计学相比，统计学习理论（Statistical Learning Theory 或 SLT）是一种专门研究小样本情况下机器学习规律的理论。V.Vapnik 等人从 20 世纪六七十年代开始致力于此方面的研究，到 90 年代中期，随着其理论的不断发展和成熟，也由于神经网络等学习方法在理论上缺乏实质性进展，统计学习理论也开始受到越来越广泛的重视。

统计学习理论是建立在一套较坚实的理论基础之上的，为解决有限样本学习问题提供了一个统一的框架。它能将很多现有方法纳入其中，有望帮助解决许多原来难以解决的问题（比如，神经网络结构选择问题，局部极小点问题）；同时，在这一理论基础上发展了一种新的通用学习方法——支持向量机（Support Vector Machine 或 SVM），它已经表现出很多优于已有方法的性能。一些学者认为，SLT 和 SVM 正在成为继神经网络研究之后新的研究热点，并将有力地推动机器学习理论和技术的发展。

1. 统计学习理论的核心内容

统计学习理论就是研究小样本统计估计和预测的理论，主要包括四个方面：

（1）经验风险最小化准则下统计学习一致性的条件；

（2）在这些条件下关于统计学习方法推广性的结论；

（3）在这些界的基础上建立的小样本归纳推理准则；

（4）实现新的准则的实际方法（算法）。

其中，最有指导性的理论结果是推广性的界，相关的一个核心概念是 VC 维。

2. VC 维

为了研究学习过程一致收敛的速度和推广性，统计学习理论定义了一系列有关函数集学习性能的指标，最重要的是 VC 维（Vapnik-Chervonenkis Dimension）。模式识别方法中 VC 维的直观定义是：对一个指示函数集，如果存在 h 个样本能够被函数集中的函数按所有可能的 2h 种形式分开，则称函数集能够把个样本打散；函数集的 VC 维就是它能打散的最大样本数目 h。若对任意数目的样本都有函数能将它们打散，则函数集的 VC 维是无穷大。有界实函数的 VC 维可以通过用一定的阈值将它转化成指示函数来定义。

VC 维反映了函数集的学习能力，VC 维越大则学习机器越复杂（容量越大）。遗憾的是，目前尚没有通用的关于任意函数集 VC 维计算的理论，只对一些特殊的函数集知道其 VC 维。

3. 推广性的界

统计学习理论系统地研究了各种类型的函数集，经验风险和实际风险之间的关系，即推广性的界。

需要指出，推广性的界是对于最坏情况的结论，在很多情况下是较松的，尤其当VC维较高时更是如此。而且，这种界只在对同一类学习函数进行比较时有效，可以指导我们从函数集中选择最优的函数，在不同函数集之间比较却不一定能成立。Vapnik指出，寻找更好地反映学习机器能力的参数和得到更紧的界是学习理论今后的研究方向。

4. 结构风险最小化

从上面的结论看到，ERM原则在样本有限时是不合理的，我们需要同时最小化经验风险和置信范围。其实，在传统方法中，选择学习模型和算法的过程就是调整置信范围的过程，如果模型比较适合现有的训练样本（相当于h/n值适当），则可以取得比较好的效果。但因为缺乏理论指导，这种选择只能依赖先验知识和经验，造成了如神经网络等方法对使用者“技巧”的过分依赖。

统计学习理论提出了一种新的策略，即把函数集构造为一个函数子集序列，使各个子集按照VC维的大小（亦即 ϕ 的大小）排列；在每个子集中寻找最小经验风险，在子集间着重去考虑经验风险和置信范围，取得实际风险的最小，这种思想称作结构风险最小化（Structural Risk Minimization或译作有序风险最小化）即SRM准则。统计学习理论还给出了合理的函数子集结构应满足的条件及在SRM准则下实际风险收敛的性质。

实现SRM原则可以有两条思路：一是在每个子集中求最小经验风险，然后选择使最小经验风险和置信范围之和最小的子集。显然这种方法比较费时，当子集数目很大甚至是无穷时不可行。因此有第二种思路，即设计函数集的某种结构使每个子集中都能取得最小的经验风险（如使训练误差为0），然后只需选择适当的子集使置信范围最小，则这个子集中使经验风险最小的函数就是最优函数。支持向量机方法实际上就是这种思想的具体实现。

（二）支持向量机的基本原理和算法

统计学习理论是由Vapnik等人提出的一种小样本学习理论，着重研究在小样本情况下的机器学习问题。统计学习理论为机器学习问题建立了一个较好的理论框架，在其基础上发展了一种崭新的模式识别方法——支持向量机（Support Vector Machine，简称SVM）。

支持向量机（SVM）是统计学习理论中最年轻的部分，目前仍处于不断发展的阶段。可以说，统计学习理论之所以从20世纪90年代以来受到越来越多的重视，很大程度上是因为它发展出了支持向量机这一通用学习方法。从某种意义上它可以表示成类似神经网络的形式，支持向量机在最初也曾叫作支持向量网络。

五、利用支持向量机（SVM）实现黑客的拦截

（一）拦截黑客模型

1.一般的入侵检测系统的不足及SVM算法的优越性

基于以上对一般入侵检测系统的研究可以看出没有哪一种入侵检测

系统能够完全地把黑客的入侵行为拒之门外，大多是运用统计与学习的方法检测攻击行为。而传统的统计与学习方法都依赖于知识库的完备性，无法进行自学习。所以只能去依赖经验知识检测而无法预测新出现的攻击行为，同时不可避免地会产生误检和漏检情况。

SVM 是建立在统计学习理论的 VC 维理论和结构风险最小化原理基础上，根据有限的样本信息在模型的复杂性和学习能力之间寻求最佳折中，以获得最好的推广能力。SVM 在解决小样本，非线性及高维模式识别问题中表现出许多特有的优势。

2. 拦截黑客的模型

简要介绍其工作原理：截获网络数据包后，从这些数据报文中进行黑客攻击特征的提取，提取的报文信息作为 SVM 算法的输入特征向量，从得出的分类结果输出看是否为黑客进行攻击。

前面我们探讨了几种比较简单的攻击行为的特征选取问题以及解决方案，但是问题在于实际的入侵行为要复杂得多，不是简简单单地通过检查几个报文头部值就可以被检测出来的，在对网络攻击行为进行分析的基础上，结合对网络入侵检测系统 snort 的分析，对于目前常见的网络攻击行为，我们认为按入侵检测系统的检测方式，可以分为以下几类：

（1）单数据报道文头部值检测型

通过简单的检测单个数据报文的报文头部值即可以发现此类攻击，这是最简单的一类攻击行为，前面所举的例子就归于此类，其中包括 Land 攻击、OOB 攻击等。

（2）单数据报道文头部值及数据段部分内容检测型

通过检测单个数据报的报文头部值和数据段部分信息可以检测出来，缓冲区溢出、ⅡS、CGI 攻击等大都属于此类，一般来说可以检测出来，但数据段信息可以被改变，从而逃避检测。

（3）单数据报分片重组检测型

通过对数据报的分片进行重组可以检测，分片攻击是一种比较复杂的攻击，攻击者主要是利用了分片重组算法的一些实现漏洞，目前只有部分较为成熟的网络入侵检测系统能够支持分片重组的功能。

（4）多数据报关联状态检测型

这用于检测比较复杂的攻击行为，攻击者通过发送一系列相关的数据包来达到攻击的目的，这些数据报之间一般会存在关联，如果孤立地看一个单独的数据报是无法得出正在经受攻击的结论的，而只有对一系列数据报进行关联分析才会得出正确的结论，由于这种攻击具有较大的隐蔽性，检测时有一定难度，下面我们将会就这种攻击给出具体的实例，通过端口扫描这样一个具体实例分析这种多数据报关联状态检测型攻击的特征选取问题。

攻击者在进行攻击之前，一般都会对受害主机进行端口扫描，以试图发现存在的漏洞和开放的端口服务，扫描行为在表现形式上是一系列目标地址相同的数据报，这些数据报就单个而言很有可能是正常的，从而如果入侵检测系统仅仅根据单个数据报的头部值和数据段进行检测是不够的，会产生漏报。为检测这种攻击，入侵检测系统需要建立一个状态检测表，表内包含数据报源地址、某地址连接时间、阈值等选项，通过检查在一定时间内某个 IP 扫描过的端口数或 IP 数是否超过选定的某个阈值来判断是否已经构成扫描攻击，但这种方法有时候也会被高明的攻击者以缓慢扫描的方式欺骗。

特征选取问题是入侵检测系统的核心问题之一，准确的特征选取对于降低入侵检测系统的误报率和漏报率、对于提高入侵检测系统的检测效率都起着非常重要的作用。同样对于我们的黑客拦截系统，特征提取问题也是核心的问题。我们参考了前人对于这一问题的研究成果，并结合自己的具体实践，对这一问题进行了细致的研究和总结。由于攻击和检测问题是此消彼长的矛盾对立体，所以我们的思路是结合具体的攻击行为来研究黑客拦截系统的特征选取，我们对攻击行为进行了分类，并分别针对这几类攻击行为的特征选取问题进行了说明。可以看出，黑客拦截系统的特征涵盖范围是很广泛的，既有简单的数据报文头部值，也有报文数据段的特征码，还有复杂的连接状态跟踪和协议分析，针对不同的攻击应该有不同的特征选取，而不应该是一成不变的，如果特征选项过多，由于太强的特殊性，就会产生较高的漏报率，并且由于计算量加大，会影响到系统的效率，而如果特征选项过少，由于太强的普适性，就会产生较高的误报率，所以特征选取是一种策略，其目的就是在降低漏报率和误报率以及提高系统性能等几个方面找到一个最佳切合点。

在综合衡量了这些问题之后，并参照了一些先行者的研究工作，对于从数据包中提取的黑客特征，选择一些典型的报文头部值在作为具体算法的输入向量时加重其权值。

（二）利用 SVM 算法拦截黑客的应用

1. 原始数据描述

SVM-Based ID 的实验数据是一批网络连接记录集，这批原始数据是 Wenke Lee 等人美国国防部高级研究计划局（DARPA）作 IDS 评测时获得的数据基础上恢复出来的连接信息，这批数据中包含 7 个星期的网络流量，大约有 500 万条连接记录，其中有大量的正常网络流量和各种攻击，具有很强的代表性，共有四类攻击：

DoS：拒绝服务攻击，如 SYN Flood，land 攻击；

R2L：远程权限获取，如口令猜测；

U2R：各种权限提升，如各种本地和远程 Buffer Overflow 攻击；

Probe：各种端口扫描和漏洞扫描。

一个完整的 TCP 连接会话被认为是一个连接记录，每个 UDP 和 ICMP 包也被认为是一个连接记录，每条连接信息包含以下四类属性集：

（1）基本属性集

基本属性集，如连接的持续时间、协议、服务、发送字节数、接收字节数等。

（2）内容属性集

即用领域知识获得与信息包内容相关的属性，如连接中的 hot 标志的个数、本连接中失败登录次数，是否登录成功等。

（3）流量属性集

即基于时间的与网络流量相关的属性。这类属性又分为两种集合：

一种为 Same Host 属性集，即在过去的 2s 内与当前连接具有相同目标主机的连接中，有关协议行为、服务等的一些统计信息；另外一种为 Same Service 属性集，即在过去的 2s 内与当前连接具有相同服务的连接中做出的一些统计信息。

（4）主机流量属性集

即基于主机的与网络流量相关的属性，这类属性是为了发现慢速扫描而设的属性，获取的办法是统计在过去的 100 个连接中的一些统计特性，如过去 100 个连接中与当前连接具有相同目的主机的连接数、与当前连接具有相同服务的连接所占百分比等。

其中，基本属性是每条连接信息固有的属性，内容属性、流量属性和主机流量属性是 Wenke Lee 等人采用数据挖掘的方法，通过正常模式和入侵模式比较，提取出来的与入侵检测相关的属性。

显然这种数据集满足异构数据集定义，是一种典型的异构数据集。

2. 实验数据准备

观察原始数据集，可以发现每类攻击包括的攻击种类很多，如 Dos 类攻击就包括 neptune，land，teardrop 等 10 种攻击，每种攻击表现出来的连接特性并不完全相同，但是有着很多共性，Wenke Lee 等人通过数据挖掘的办法发现了这种共性，并且发现检测不同的攻击需要采用不同的属性集合来检测才比较有效。

另外，原始数据集中四类攻击的分布并不均匀，DoS 类攻击占大多数。DoS 类和 Probe 类攻击发生时，攻击流量与正常流量在数量上相当；而 U2R 和 R2L 类攻击发生概率较小，与正常流量相比很少，这也与实际网络运行时的情形相符合。

显然，原始数据集过于庞大，而且攻击数据和正常数据混杂在一起，其中包含大量噪音数据，必须对它进行预处理。本书采用按原始比例采样的方法来构造一个精简的实验数据集：

（1）将这四类攻击数据分离开，来形成攻击样本集

按照 Correct 和 10percent 中各种攻击所占比例选择每种攻击，根据攻击所属的攻击类别，抽取出用于检测本类攻击所需的属性集，将各类攻击数据的输出标志字段 status 均设为 -1，形成 DoS、Probe、U2R 和 R2L 四个攻击样本集。

（2）构造正常流量集

从原始数据集按比例抽取出一部分正常连接信息数据，使其包含各种协议（TCP，UDP，ICMP）、各种服务类型（hP，telnet 等）的数据，形成正常流量集。

（3）构造 DoS 和 Probe 攻击的均衡数据集

在 DoS 和 Probe 攻击样本集基础上，按照 1 ：1 概率混合进正常流量集，形成均衡的 DoS 和 Probe 数据集。

（4）构造 U2R 和 R2L 攻击的不均衡数据集

在 U2R 和 R2L 攻击样本集基础上，按照正常与异常数据大约 9 ：1 概率混合进正常流量集，形成不均衡的 U2R 和 R2L 数据集。

（5）形成训练集与测试集

按照 7 ：3 的概率将各均衡数据集和非均衡数据集分成训练数据集和测试数据集，分别用于 SVM 的训练和测试。

3. C-SVM 分类

对 DoS 类和 Probe 类均衡数据集，采用 C-SVM 算法进行学习和泛化，并采用改进的 RBF 核函数。首先用 10percent 和 Correct 数据集的 DoS 和 Probe 的均衡训练集分别训练，然后用两个数据集上的 DoS 和 Probe 均衡测试集做自测试和交叉测试。

每一种应用程序都不是完美的，肯定会存在这样或那样的缺陷，网络技术的发展使得这些缺陷被黑客发现并成为其攻击的对象。黑客攻击的方法多种多样，每一种攻击手段出现后都会引起众多学者及专家的重视，把各种攻击方法归纳起来后进行分门编类认真的研究。本章在前人研究的基础上进行收集，希望能对黑客攻击的研究者有所帮助。

第五章　大数据技术在全社会医疗健康资源配置的优化

第一节　大数据驱动的全社会医疗健康资源配置的制度支撑

在研究全社会医疗健康资源配置优化时，定义全社会医疗健康资源为：在一定社会经济条件下，国家、社会和个人为了向有健康需求的顾客提供不同层次的医疗保健服务，而采用的能够为有健康需求的顾客和医疗保健服务机构带来实际收益的社会资源综合投资的总和。全社会医疗健康资源管理则是在位于医疗健康服务体系中需方、供方、支付方和机构方多方，以个性化医疗健康服务模式构建为目的，分别从费用（医保）支付与资源配置优化两个维度促进医疗卫生服务需方与供方的动态匹配与调节。全社会医疗健康资源的配置优化问题是全社会医疗健康资源管理的重要组成部分，一直以来都是关于提升医疗服务体系运行效率，提升民众生命质量的关键问题。

在我国，国务院办公厅印发的《全国医疗卫生服务体系规划纲要（2015—2020 年）》（以下简称《规划纲要》），部署促进我国医疗卫生资源进一步优化配置，提升服务可及性、能力和资源利用效率，指导各地科学、合理地制定并实施区域卫生规划和医疗机构设置规划。

《规划纲要》指出：开展健康中国云服务计划，积极应用移动互联网、物联网、云计算、可穿戴设备等新技术，推动惠及全民的健康信息服务和智慧医疗服务，推动健康大数据的应用，逐步转变服务模式，提升服务能力和管理水平。加强人口健康信息化建设，到 2030 年实现全员人口信息、电子健康档案和电子病历三大数据库基本覆盖全国人口并实现信息动态更新。全面建成互联互通的国家、省、市、县四级人口健康信息平台，实现公共卫生、计划生育、医疗服务、医疗保障、药品供应、综合管理六大业务应用系统的互联互通和业务协同。积极推动移动互联网、远程医疗服务等发展。

继“互联网 +”上升为国家战略且国务院印发了《关于促进和规范健康医疗大数据应用发展的指导意见》之后，国务院于 2016 年 10 月 25 日正式印发《“健康中国 2030”规划纲要》。同时，为推进和规范健康医疗大数据的应用发展，国家卫计委公布确定福建省、江苏省及福州、厦门、南京、常州为健康医疗大数据中心与产业园建设国家试点工程第一批试点省市。大数据的利用能帮助医疗卫生机构提高生产力并节约成本。此外，大数据等信息化技术的快速发展，为优化医疗卫生业务流程、提高服务效率提供了条件，必将推动医疗卫生服务模式和管理模式的深刻转变。医改的不断深化也对公立医院数量规模和资源优化配置提出了新的要求。

第二节　大数据驱动的全社会医疗健康资源配置的思路

全社会医疗健康资源配置优化，是指在时间和空间层面直接调度医疗机构之间以及医疗机构与其他社会单元之间的稀缺资源（资金、人力资源、空间等），或为稀缺资源制定相应的配置或交易规则，以在全社会层面实现更高福利水平。医疗健康资源的需求和供给存在差异性，这种差异性主要体现在地理区域、服务对象以及资源使用目的上。地理区域深刻影响医疗健康资源的需求与供给。服务对象的重叠是另一个影响医疗健康资源供需的重要因素。根据我国《医院分级管理办法》的规定，三级医院（包括三级特等、三级甲等、三级乙等以及三级丙等）被定义为向几个地区提供的高水平专科性医疗卫生服务和执行高等教育、科研任务的区域性以上的医院；一级医院（包括一级甲等、一级乙等以及一级丙等）是指直接向一定人口的社区提供预防、医疗、保健、康复服务的基层医院、卫生院。然而在现实生活中，医疗健康资源的需求与最初的目标方向相去甚远，本该提供专业专科医疗服务的三甲医院时常被患有严重程度较低、不具有特殊性疾病的患者所挤满。此外，医疗健康资源可以用于不同的利益主体以达到不同的目的。人力资源和社会保障部下属的医疗保险管理局以及国家卫生和计划生育委员会下属的疾病预防控制中心，分别是医疗健康资源用于疾病预防和疾病治疗的最终管理者。

但是，由于上述两个部门互不隶属，缺乏统一的系统分析和规划，医疗健康资源在上述两个部门间的配置需要进一步优化。综上所述，全社会医疗健康资源配置优化，应当从跨区域医疗健康资源配置优化、不同层级医疗机构间医疗健康资源配置优化以及不同管理主体间医疗健康资源配置优化展开。

跨区域医疗健康资源配置优化，主要研究医疗健康资源在不同区域间的直接调度、流转规则以及配置原则等。其要解决的主要问题为，平衡区域间医疗健康资源供给，缩小区域间供需差异，进而实现国家层面的医疗健康资源最优配置。跨区域的医疗健康资源配置方式大致可分为两类：其一，对不同区域间进行医疗健康资源的分配；其二，在不同区域间，根据具体情况分别进行调度，再次配置。当决策者从宏观层面进行资源配置时，影响其决策的因素主要有：区域间医疗健康资源配置优化的准则及原则、不同区域间的医疗健康资源配置公平性，以及在有限医疗健康资源的约束下运用最优化理论，使得社会总福利（如 QALYs，即质量调整生命年）最大化，或最小化社会成本。不同层级医疗机构间医疗健康资源配置优化，主要研究医疗健康资源在不同层级医疗机构之间的配置，以在适应医疗健康资源需求的同时，引导医疗健康资源需求回归到合适的途径。通过医疗健康资源配置对需求的反作用，在满足公平性的前提下，引导社会公众合理选择满足自身需要的医疗健康资源。医疗健康资源和医疗服务的供给能力是不同层级医疗机构分工合作的重要因素。然而，医疗健康资源的配置错位和医疗服务供给能力的差距，同时在居民群众长期固定观念的影响下，大部分的医疗需求都集中在三级医疗机构当中，最终致使产生了进一步的资源配置错位以及医疗服务供给能力的差距，各个医院中形成了非良性的竞争。为了解决这个问题就要将主要医疗健康资源在不同层级医院之间的合理配置，以在适应医疗健康资源需求的同时，引导当前不合理的医疗健康资源需求回归合适的途径，也就是让病人进行分流。分级诊疗制度就是针对病人流分的问题提出的，避免本该提供专业的专科医疗服务的三甲医院时常被患有严重程度较低、不具有特殊性疾病的患者所挤满。这个制度被视为优化医疗健康资源配置，解决“看病难，看病贵”的关键措施之一。

不同管理主体间医疗健康资源配置优化，主要研究不同管理主体间如何通过协商、沟通以及交易规则的制定，更好地去整合全社会医疗健康资源，以实现更高效的医疗健康资源使用效率。该研究的难点在于不同管理主体的软约束及决策目标是不易定义且不一致的。对于不同利益主体间的配置，以最大的两个利益主体疾病预防与控制中心和医疗保险管理局为例，两者均占有可观的医疗健康资源，而两者目标却又不完全一致。如，对医疗保险管理局目标的解读为在当前预算约束下生命质量的最大化;而对于疾病预防与控制中心而言，其目标为在当前预算约束下，新增疾病暴发量与现有患者发病控制情况的一个折中。因此，如何运用合理的资源配置手段，最大化二者在各自目标约束下的社会福利就显得格外重要。然而，在以往的研究中，由于缺乏大数据手段，只能对局部的、细微的医疗健康资源进行分析，不能从全局角度对全社会医疗健康资源进行系统的分析。

随着大数据技术手段的不断发展，以大数据为支撑的智慧医疗模式，将通过多种方式打破现有医疗模式的缺陷，更好地去帮助实现全社会医疗健康资源配置优化。具体应用而言，大数据在医疗服务体系的应用主要包括电子病历共享、远程会诊、网上预约挂号、辅助诊疗等系统。通过这些系统的建立与应用，充分实现医疗机构之间信息点共享和综合利用，进一步缓解“看病难、看病贵”等问题，降低医疗成本，实现资源配置最大化。对科学研究而言，大数据技术和手段更好地记录和反映了医疗健康资源的规律，能够更好地支持上述研究问题。对政策方向而言，结合大数据和智慧医疗是深化我国医疗改革的重要手段，特别是解决目前资源配置存在的不均衡问题的重要方法，也是我国新型城镇化，特别是智慧城市建设的重要组成部分；体现了人类健康需求，符合医院发展趋势，给医院的建设提供了新认识和新思路，同时也是未来医疗卫生信息化的主要发展趋势。

第六章　大数据时代下的城市交通

第一节　交通建设的需求

现代交通采集技术的进步，使得对城市交通系统进行全面的连续观测成为可能，形成了日益丰富的城市交通数据环境；而大数据技术的发展，使得对于海量城市交通数量进行存储、加工、分析和挖掘变得愈加方便，同时也在深刻改变着传统的交通技术分析和决策过程。

在交通规划和建设方面，传统的规划和建设决策是建立在以“四阶段法”交通需求预测模型为代表的交通模型体系之上的，然而由于传统交通数据采集采用定期抽样的方法，样本数据的代表性和时效性存在固有缺陷，给模型的标定和预测精度带来不少障碍。大数据环境和分析技术为交通决策分析带来新的机遇：一方面，可以通过大样本甚至全样本的连续观测，对交通需求的现状和发展趋势做出准确判断；另一方面，可以通过海量数据的内在关联性挖掘，提炼出交通系统发展变化特征，以及交通规划和建设方案的实施效果，消除决策判断的不确定性，为城市交通的战略调控和建设项目的可行性研究提供基础。

在交通管理方面，道路交通管理和控制技术已经从单点控制、干道控制向区域协调控制发展，而互联网技术实现了车辆与车辆、车辆与道路基础设施之间的交互和协同，使道路利用效率和安全性极大提高。大数据技术为实时进行交通系统运行状态的全面分析、问题诊断和方案测试提供了可能，有助于形成高效的交通控制策略。而交通需求管理是从交通需求角度进行减量，减少和抑制弹性交通出行，或调整交通方式结构，促进道路交通资源的高效利用。大数据技术可以对交通需求结构进行深入细致的分析，研究出行者的行为偏好特征，进而制定有针对性的需求管理政策。

在交通服务方面，随着人们生活水平的不断提高，出行者对交通服务的需求也日趋多样化，车载终端、智能手机等移动互联网终端的日益普及也为交通信息服务的获取提供了良好的途径。通过大数据技术，可以为出行者提供个性化、多样化的交通出行信息服务。而对于物流企业，可以通过电子商务的海量数据，分析物流需求的变化，提高物流服务的效率和快速响应能力。

交通规划和建设决策、方案的制定，需要对交通系统的发展和演变过程进行准确的把握。不仅需要关注交通需求总量的变化，还需要了解交通需求的结构；同时不仅需要关注道路交通设施的建设，而且还需要加强道路交通系统与地面公交系统、轨道交通系统等之间的有效衔接。因此，需要利用城市交通大数据资源和分析技术，全面分析城市综合交通系统的现状和发展趋势，为交通规划方案制定、交通建设项目的可行性研究提供决策依据。

一、交通规划过程中的决策与信息分析

我国正处于快速城镇化的阶段，这对于城市交通系统提出了新的挑战。一方面，随着城市空间范围的拓展，在城市外围形成了以中低收入居民为主的新城和大型居住社区，而这些区域通常是公共交通服务薄弱的地区，这就要求城市公共交通系统在兼顾运营经济性的同时，针对快速发展地区进行有效的扩展。另一方面，随着城市产业结构空间布局的调整，中心城区越来越多的土地从第二产业用地转变为第三产业用地。这意味着中心城区的就业岗位数量将进一步增加，加上中心城区居住人口总量的不断下降，城市职住分离有可能进一步加剧。此外，城市群的形成和发展意味着服务职能不断向中心城市集聚，而核心城市的服务范围不断向城镇群拓展开来。因此，由此产生的交通需求主要为商务、游憩活动，具有高频率、时效反应敏感等特征。

随着快速城镇化的不断推进，城市交通正在从单一城市的交通向具有紧密关联的城市群交通体系转变，从通勤交通占有主导地位向非日常交通占据重要份额转变，从建设手段为主向采用包含政策等软对策手段的组合对策设计转变，从单一的数量保障向满足多样化需求转变。城市交通的快速变化使传统经验难以应对，以“四阶段法”为代表的传统交通系统分析理论在决策分析过程中也面临诸多困难。

城市交通规划设计技术体系涉及许多项目工作，可以分为：交通规划类、交通工程前期类、交通专题研究类等三大类。其中，交通规划类又分为整体交通规划、分区交通（改善）规划和片区交通（改善）规划，

以与城市总体规划、分区规划和详细规划相对应；也可根据实际情况需要，在整体或分区交通规划层次编制分系统交通专项规划。交通工程前期类主要包括重要交通设施建设规划、重要交通设施交通详细规划、道路交通改善设计，以及建设项目交通影响分析等四类项目。交通专题研究类的项目基本包括交通基础调查、交通专项研究等。

城市交通规划业务是在交通模型分析技术的支撑下进行的。交通模型分析技术应用的初期阶段，主要是为避免耗资巨大的交通基础设施所面临的较大经济风险，依托交通模型分析为科学慎重的决策提供支持。其后逐步发展起来，为了应对机动化所带来的各种交通问题，借助交通模型分析交通现状、预测未来趋势，评估对策效果，为编制交通规划、制定政策等提供决策支持。

传统的城市交通模型体系以每 5 ~ 10 年一次的城市综合交通调查所获得的交通需求数据为基础。在交通调查数据的支持下，交通模型工程师采用选定的模型架构（包括“四阶段”交通需求预测模型、网络交通流分析模型、交通行为分析模型等），进行适当的技术组合完成建模工作，并依托实测数据对模型参数加以标定。由于交通模型在传统城市交通决策分析中占有主导性技术地位，因此，对交通模型可信度提出了较高的要求。尽管交通模型理论与技术经过几十年的发展，在说明能力和预测能力上有了长足进步，然而交通模型技术与期望水平仍然具有较大的差距。

总体来看，传统交通模型分析技术存在以下不足：

（1)城市居民出行数据主要通过5 ~ 10年一次的综合交通调查获得，

抽样率为2% ~ 5%，数据调查组织复杂，工作量大，精度难以把握，而且只能采用1日调查数据构建现状OD矩阵，存在数据代表性、时效性和调查误差等诸多问题。然而，我国正处于快速城镇化阶段，人口流动量大、土地利用变更频繁，传统出行调查方法很难跟上交通需求的更新步伐。

（2）城市与交通系统的发展演变，使交通决策面临的问题变得更加复杂。决策者不仅关注交通需求的数量，还关注着市场细分后不同类型需求的结构；不仅关注交通流在网络上的分布，还关注不同类型参与者对于各种政策的响应；不仅研究某种方式自身交通流的变化，还研究综合交通系统中各种交通方式的相互作用和流量转移。这些问题是传统交通模型分析技术难以胜任的。

大数据技术的发展，为城市交通分析技术带来新的机遇，包括以下三个方面：

（1）在交通需求数据获取方面，以移动通信数据等为代表的新一代交通采集技术具有覆盖范围广、成本低、时效性强、可以实现连续跟踪的优势，为居民出行数据采集提供了新的技术选择。通过大样本甚至全样本的连续观测，以及多源交通检测数据的融合，可以对交通需求现状进行全面描述，对交通系统发展趋势做出较为准确的判断。

（2）在交通分析方法上，面对问题的日益复杂化，决策分析需求要求人们逐渐摆脱交通模型思维束缚，交通数据分析工程师逐步从后台走向前台，试图从交通系统的海量数据中寻求对研究对象更加深刻的认识。根据从中挖掘出来的内在关联性判断未来的走向和趋势，依托从信息中不断提炼出来的新知识支持决策判断。

（3）在交通规划和建设过程中，可以通过对交通系统状态的持续跟踪，提炼交通系统发展变化特征，评价交通规划和建设方案的实施效果，消除决策判断的不确定性，将传统“开环模式”的交通规划和建设过程，转变为“闭环反馈模式”的交通战略调控过程。

二、城市交通的战略调控与决策分析

城市交通战略调控是指通过政策控制、服务引导、设施理性供给等手段，对系统演变过程进行干预。根据可持续发展理念设定目标，在连续观测信息环境支持下对系统的发展轨迹进行监测，针对系统偏离期望轨迹的演变，采用多种组合对策进行及时的调控。而这一切建立在对于系统演变规律的认识基础上，是一个不断深化的过程。

城市交通战略调控包括需求和供给两个方面。由于资源和环境的制约，城市交通不可能无节制地满足无序的增长需求，必须对不合理的需求加以节制，以保障合理需求得到必要的资源，这就是受控需求的概念，也是传统需求管理概念的一个扩展。对于供给来说，不仅需要关注直面的需求问题，而且需要考虑城市交通模式的演化问题，避免在解决问题的同时制造更大的问题。供需之间的关系不是简单的平衡，而是演化与调控。这意味着二者处于动态互动的过程中。因此，把握交通发展趋势、深化交通规律的认识、在实践中提升对策作用的认识、协同考虑对策方案的设计，是交通规划建设、服务引导、管理控制、政策调节等工作的基础。

战略调控决策分析的核心是消除判断的模糊性，进而达到决策的精细化、科学化，以及形成共识的目的。

以推进城市公交系统建设为例。城市公交发展的战略目标，其一是通过公交引导用地开发的模式，引导城市空间结构形成可持续发展的架构；其二是通过提升公共交通服务水平，形成比较竞争力，引导城市交通模式向可持续方向演化。而实现手段包括：正确的规划指导、合理的资源配置、优化的运行管理及有效的政策保障。尽管这些对策获得了理念上的认同和许多实践经验，然而由于涉及多方面关系协调和利益平衡、需求动态变化等问题，其决策过程需要减少判断模糊性，提高说服力，由此产生对决策分析更高的技术要求。

面对推进公交优先决策分析需求，现有研究成果尚不能有效完成相应分析任务。对于公共交通系统分析的已有研究成果，可以分为如下几种类型：

（1）基于OD的公交网络客流分析技术与道路网络交通流模型相比，其主要特点为网络本身具有随机属性特征，以及多组群、多准则、多模式的乘客随机选择行为。由于在抽样调查基础之上建模，如何避免模型标定中“失之毫厘”导致“差之千里”，成为应用中的难题。

（2）离散交通选择行为模型在意愿调查基础之上的非集计交通行为模型已经发展成为一个比较完善的体系。针对多项Logit模型的缺陷，巢式（LogitCNested Logit）模型、排序（LogitCOrdered Logit）模型等已经在交通方式选择等问题中得到较为广泛的应用。实际调查数据（Revealed Preference Data，RP数据）、意向调查数据（Stated

Preference Data，SP 数据）联合建模等问题也都取得了重要的研究成果。基于活动的交通行为模型，引入个体生活行为，包含了不同维数的多个意愿决策，从时间和空间两个方面说明选择机理和约束机制。由于这类模型作为基础的意愿调查难以大规模和高频率进行，以及偏好、态度等因素影响造成模型缺乏时间和空间上可移植性等问题，因此限制了其适用范围。

三、交通建设项目可行性研究过程中的信息分析

城市交通发展战略的执行需要依靠交通基础设施项目的实施。交通建设项目牵涉计划的审批、规划的许可、土地的征迁、资金的配套、实施的管理，以及建成后的运营管理等各个环节及其相应的管理部门，各管理部门的决定会对项目的实施形成决定性的作用。

1）交通项目主体部门

交通基础设施项目的主体部门主要有市政园林局（市政管理局）、建筑工务署，以及公路局等部门。此外还有一些交通基础设施的代建机构也参与政府投资项目的建设，成为政府投资项目的主体部门，如各个城市的地铁公司和轨道交通建设公司就成为轨道交通这种政府投资项目的主体部门。

2）交通项目审批体制

目前我国各个城市基本上都发布了《政府投资项目管理（暂行）条例》《政府投资项目管理（暂行）办法》或《政府投资项目管理（暂行）规定》等文件，成为交通基础设施项目审批体制的主要法律依据。

为了有效地在管理过程中协调多部门之间的关系，需要围绕决策判断内容通过信息共享，消除对项目建设必要性、建设规模、建设影响、建设效益等方面的判断模糊性，以求达成共识。而这正需要一个相关的管理信息平台，有效地去将数据组织成信息，从信息中提取与决策相关的知识。

第二节　交通管理的需求

交通管理包括交通供给和交通需求两个方面。关于交通供给，需要分析交通系统的运行状态，诊断系统存在的问题和瓶颈，通过交通管理和控制技术，疏导交通流，实现交通资源的高效利用，保障交通安全。对于交通需求，需要分析交通需求结构组成，不同出行者的行为偏好特征，通过交通方式的转移和调整，弹性交通需求的抑制和调节，以缓解城市交通拥堵。

一、交通系统运行状态诊断

道路交通可以分为断面、路段、区段和路网四个层次，断面、路段是构成区段和路网的基础，也是交通状态分析的基本单元。断面交通状态识别是根据断面交通流数据确定该断面交通状态所归属的类别（例如拥堵、畅通），因此，需要确定类别划分数量及一个具体断面状态的归属判别方法。

二、交通需求管理与信息分析

由于讨论问题范围的差异，国内外相关文献对于交通需求管理（Transportation/Travel/Traffic Demand Management，TDM）定义和概念的表述也不尽相同。然而其核心思想是一致的，即交通需求管理是在满足资源和环境容量限制条件下，使交通需求和交通的供给达到基本平衡，促进城市的可持续发展目的的各种管理手段。

Michael D.Meyer 认为 TDM 起源于 20 世纪 70 年代末的 TSM，是在 TSM 策略范围不断扩大基础上于 1975 年开始初步形成的概念。Ryoichi Sakano 等将 TDM 解释为 Transportation/Transport/Travel Demand Management 或拥堵管理（Congestion Management），认为这几种说法的概念都是相同的，并给出了简单的定义：TDM 是通过限制小汽车使用、提高载客率、引导交通流向平峰和非拥堵区域转移、鼓励使用公共交通等一系列措施，达到高峰时交通拥堵缓解的需求管理政策总和。Katsutoshi Ohta 对交通需求管理的定义为：通过影响出行者的行为，达到减少或重新分配出行对空间和时间需求的目的。

城市交通拥堵成因可以分别从城市空间布局、车辆拥有及使用、交通基础设施供给、道路交通管控、交通政策调控、公共交通服务水平、公众现代交通意识等多方面加以分析。交通需求管理等政策手段，实质上是将有限的交通资源进行调配，均具有正负两面效应，需要研究如何控制其负面效应，进而扩大其正面效应的方法，并最大限度地争取到社会各方面的支持。

三、道路交通控制的技术变革

道路交通控制是现代交通管理的重要手段，目的是保障交通安全、疏导交通、提升现有设施的运输效率，同时降低油耗，减少空气污染，降低车辆磨损，增加人们出行的舒适度。

随着数据采集技术、通信技术、计算机技术和控制技术的进步，传统道路交通控制技术逐渐向全局化、主动化和集成化发展。而以车车通信、车路通信技术为基础的车路协同系统的出现，则将道路交通控制技术推进到一个新的发展阶段。

1）传统道路交通控制技术

传统道路交通控制技术主要采用交通信号控制的方式，向驾驶员或行人发布控制指令信息，达到引导和控制交通流的目的。根据控制范围的不同，可以分为点控制（单个交叉口交通控制）、线控制（干道信号联动控制）和面控制（区域交通信息控制）。

随着以新的交通采集技术和大数据技术为代表的数据处理和分析技术的发展，传统道路交通控制的内涵已经从传统（或狭义）的“信号控制”拓展到现代（或广义）的“信号控制 + 诱导调控 + 需求管控”，在信息获取网络化和多元化的基础上，追求控制对象的层次化、控制目标的全局化、控制过程的主动化和动态化、控制手段的多样化和集成化，更加重视信号控制、交通诱导、需求控制等不同控制手段之间的协同联动。

在动态交通信息获取方面，基于新型传感技术、高清数据视频技术、移动通信技术等交通采集技术的应用，可以检测到更为丰富的基础交通参数，结合数据融合、处理和分析技术，促使实时获取区域路网的全面动态交通信息成为可能。

在控制对象方面，随着社会经济条件的进步，个体出行行为特征的差异也越来越大。通过改变居民出行行为，进而改变城市交通需求的时空分布，是交通需求管理的目标。因此，依托现代交通信息技术和控制技术，研究面向多层次、多方式的出行行为与网络交通流动态优化和调控技术，是区域交通控制的重要内容。

在控制目标方面，控制技术不再局限于单个交叉口或某条道路的交通运行效率，而是以网络范围内居民出行和交通综合效率为目标，实现网络的高效平衡控制。

在控制过程方面，交通控制系统可以根据区域交通状态演化趋势，动态调整控制策略，实现交通运行趋势和控制目标的一致性；此外，信息技术的进步使出行者和控制中心进行实时信息交互成为可能，可以通过诱导和控制结合的方式，实现交通需求的主动调节。

在控制手段方面，交通控制技术不再局限于信号控制系统，通过交通诱导、需求控制等多种方式的协同合作，实现区域交通的高效调控工作。

2）车路协同系统

车路协同系统是利用无线通信、探测传感等技术手段，获得道路交通信息和车辆运行

车路协同系统实现了交通控制与交通诱导的一体化，将极大提高交通运输效率和安全性，成为新一代道路交通控制系统的发展方向。

车路协同系统主要通过对交通数据的采集和处理实现车辆与车辆之间，车辆与道路之间的智能协调配合。在车辆上配有各种传感器，可以收集到车辆自身运动状态信息及周围环境情况数据，将收集到的数据通过车载控制单元进行处理，并利用无线通信设备与其他车辆和道路设施通信，最终将海量数据转化为对驾驶员有帮助的信息。通过语音警告、数据发布等形式，实现盲点警告、碰撞预警、前车紧急制动提醒、交叉口辅助驾驶、禁行提醒、车速预警等功能，提高驾驶安全性。在路侧同

样有各类传感器对交通流数据、道路状态等数据进行收集处理，除了与车辆进行通信外，还可以对道路的整体使用情况进行相应反馈，为匝道控制、信号配时、交通状况预测等提供决策依据，有效地避免或减少交通拥堵，提升整个交通系统的运行效率。

四、提升公共交通服务水平的决策分析

公交优先发展可以分为两大主题内容：公共交通与土地的协调发展，以及政府通过政策调控保证公交服务在市场机制下有效运营。而这两大主题又与规划制定、建设实施、资金保障、运营保障、行业管理等五个方面具有密切的关联。

公交规划的核心是提供一个适应发展需求的公交服务体系，可以进一步划分为提供新服务的系统建设规划，以及改造既有服务的系统运行调整规划。前者主要针对伴随城市扩展和布局调整的公交基础设施建设包括轨道交通建设、快速公交系统（Bus Rapid Transit，BRT）建设、常规公交服务延伸等，而后者主要针对既有运行计划调整和常规公交线路调整。对于系统建设规划来说，公交系统与土地开发之间密切关联。现代城市围绕以公共交通为导向的开发（Transit-Oriented Development，TOD）这一概念，在宏观、中观、微观三个层面协调交通规划与城市规划之间的关系。

利用移动通信数据获取居民活动信息，通过牌照识别数据获取车辆活动信息，通过道路定点检测数据和浮动车数据获取道路交通状态信息，通过公交 GPS 数据获取公交运行状态信息，通过公共交通卡数据获取公

交客流及换乘信息，在这些信息的支持下能够分析土地开发与公交系统之间的关联，以及公交在综合交通中所处的地位和服务水平比较竞争力，从而使相应的规划决策更加科学化和精细化。在协同规划过程中，基于相关数据的可视化表达能够为决策分析提供有力的支持。

对于公共交通运营状态的评估，是对运营状态进行动态监测，及时进行政策调整的重要内容，常用的评估指标包括可靠性、安全性、舒适性、便捷性和可持续性五个方面，通过车载 GPS 数据、公共交通卡数据、车辆运行工况数据等可以实现运营状态的连续监测，进而为提高公交服务水平提供决策依据。

第三节　交通服务的需求

随着社会经济的发展和生活水平的提高，交通出行用户的服务信息需求日趋多样化，通过大数据技术，可以为出行者提供个性化的交通信息服务、交通诱导信息服务和公交出行信息服务；而对于物流企业，可以通过大数据技术分析物流需求的变化、供应链的运行状态和瓶颈，制定有效措施提升物流系统的效率。

一、个性化交通信息服务

随着交通数据环境的不断完善，大量基于大数据技术的交通信息服务产品也应运而生，为城市交通出行和区域交通出行提供了多样化、个性化的交通信息服务。

1）城市交通

在国内，为了缓解城市交通拥堵，满足居民快捷、便利的出行要求，在政府部门出台各种措施进行相应调控的同时，产业界也推出了许多新的线上服务产品。在线合乘平台和打车软件是比较典型的应用。

（1）在线合乘。平台小客车合乘是指出行线路相同的人共同搭乘其中一人的小客车的出行方式。合乘不但能合理利用小客车的闲置资源，在一定程度上还能缓解交通压力，也能使私家车车主、乘客达到双赢的目的。对于乘客，合乘能够满足公共交通所不能覆盖的出行需求，也能满足其偶发性的用车需求，免去了养车的负担；对于私家车车主，也可以节省养车成本，甚至解决尾号限行等管制措施所带来的不便。

（2）打车软件服务。打车软件是指利用智能手机等智能移动终端，实现出租车召车请求和服务的软件。打车软件通常可分为两种客户端，一种是打车者使用的普通移动客户端，另一种是驾驶员使用的客户端。当用户有打车需求时，通过在打车应用上展开出租车寻呼，系统自行分配与用户所在位置较近的出租车辆，进而使用户和驾驶员双方达到供需的匹配。

打车软件的出现，使乘客可以通过智能终端方便、快捷地叫到出租车，从而避免长距离的步行至站点或长时间的等待，也能使出租车驾驶员快速发现附近的乘车需求，从而降低出租车空驶率。

通过打车软件，互联网公司也可以获取司乘人员的部分数据信息，通过对这些用户打车路径、打车习惯等数据的积累与分析，叠加地图信息服务、生活信息服务等内容，可实现多重服务并行提供，进而为用户提供更为全面、个性化的服务。

2）区域交通

交通用户在区域交通出行的需求主要体现在旅游出行或商务出行两方面。而随着用户需求的多样化、个性化，许多旅行服务公司也将高科技产业与传统旅游业成功整合在一起，通过对用户区域出行需求信息和起终点的兴趣点信息、交通信息等的汇总分析，向用户提供了集机票预订、酒店预订、旅游度假、商旅管理、无线应用及旅游资讯为一体的全方位旅行服务。

二、交通诱导信息服务

交通诱导技术是一种更有效的管理现代交通、实现交通流优化的技术。它集成了多种高新技术，包含卫星定位技术、地理信息系统、导航技术和现代无线通信技术等，用于对交通参与者的出行诱导，促使交通出行变得更加方便快捷。

交通诱导系统主要由交通状况信息探测采集、信息的汇总处理、诱导信息的发布等几个方面构成，形成一个完整的系统。

1）获取过程

从获取过程看，交通诱导信息服务可分为出行前诱导和出行中诱导。

（1）出行前诱导。出行前诱导是在用户出行前通过计算机、手机、车载导航终端等设备向用户提供出行所需信息。诱导系统通过对道路网络信息、公交网络信息、交通状态信息等汇总分析后，根据用户的出行需求，向用户发送包括当前路况、推荐出行路径、推荐出行方式等在内的诱导信息。

（2）出行中诱导。出行中诱导，是在用户出行过程中根据交通系统状况的实时变化，对先前的诱导信息不断进行调整，对用户出行进行动态诱导。发布的诱导信息包括路径导航信息、道路拥堵、停车信息等。但由于交通状况的时变性和复杂性，对海量信息的实时采集与处理是实现出行中诱导的关键技术。

2）获取途径

传统的诱导信息发布方式包括交警疏导、可变信息交通标志（Variable Message Signs，VMS）信息发布、交通广播等。而随着移动通信技术的不断发展，用户也可以通过移动应用去获取实时诱导信息。

（1）定点诱导设施 VMS 与交通诱导屏属于定点诱导设备，由指挥中心计算机通过综合通信网实行远程控制，传送并显示各种图文信息，向出行用户及时发布不同路段的交通状态信息、出入口信息、停车位信息等，进而有效疏导交通，保障行车安全。

（2）移动设备应用移动终端为诱导信息发布提供了新的途径。例如，2013 年第十五届中国国际工业博览会上，同济大学展示了“智慧城市交通监测、管理与服务系统”，其整合的城市交通大数据包括：固定检测器、车载 GPS、监视视频等采集的实时路况信息，事故、施工、交通管制等实时上报信息，以及当地天气、大型公共活动、公众上下班时间等信息。该系统软件可被应用于手机等移动设备中，用户选定目的地后，系统会自动生成出行路线，并提供两地路程、所用时长、费用、油耗、停车、碳排放量、公交线路等信息。相对于传统的交通监测系统，该系统还可向出行者提供“主动引导型”服务，根据出行者基本意向主动去引导出行方式，推荐最优出行时间、区域和路线，节省费用、时间等成本。

三、现代城市物流服务

物联网技术和电子商务的快速发展，给城市物流服务带来了深刻的变革。物联网技术提供了新的数据采集和管理手段，通过条形码和二维码、无线射频识别技术、红外传感器、激光扫描仪、GPS 等的各种物联网传感设备，根据约定的通信协议，将物与物、人与物、人与人连接起来，通过各种接入网、互联网进行信息交换，实现货物和设备的智能化识别、定位、跟踪、监控和管理工作，建立智能化、柔性化的物流服务体系。

利用物联网技术和大数据分析技术，可以实现物流过程的运输、存储、包装、装卸等各环节的整合，使得物流过程更加高效、便捷，以最低的成本为客户提供满意的物流服务。例如，根据生产需求来确定库存水平；根据客户需求和交通系统状况，优化运输路径；根据货物的种类和目的地，进行共同配送等。

此外，采用物联网技术和大数据分析技术，可以及时了解物流需求变化，有效监控物流过程，发现物流各环节存在的矛盾和问题，对物流过程进行实时调整措施。

电子商务技术实现了商流、物流、资金流和信息流的统一，具有市场全球化、交易连续化、资源集约化和成本低廉等优势，近年来呈现出高速增长态势。近五年来，我国的电子商务市场交易额保持了年均 30% ~ 40% 的增长速度。

四、公共交通出行信息服务

公共交通出行的信息按接收媒介的不同可分为定点接收信息和移动接收信息。前者主要是公交电子站牌，为候车乘客提供公交线路信息及车辆到站信息等；后者主要是安装在手机等智能移动终端中的公交查询应用，根据乘客出行目的地和当前位置向乘客提供最佳乘坐公交班次、换乘及预计出行时间等信息。

第七章　数据挖掘在水政执法中的应用

第一节　数据挖掘算法

一、关联规则挖掘

数据挖掘就是从大量的、不完全的、有噪声的、模糊的、随机的数据中，提取隐含在其中的、人们事先不知道的，但又是潜在有用的信息和知识的过程，也称为知识挖掘、知识发现。关联规则挖掘是数据挖掘的重要研究分支，是指从大量的数据中挖掘出描述数据项之间关系的有价值知识，帮助人们做出决策。

设 $I=\{i_1, i_2, \cdots, i_m\}$ 是全体项目组成的集合，关联规则挖掘的数据集 D 是一个事务数据库，其中的每个事务 T 是项的集合，即 $T\subseteq I$。设 A 是一个项集，事务 T 包含 A 当且仅当 $A\subseteq T$。关联规则就是形如 $A\rightarrow B$ 的蕴含式，其中有 $A\subset I$，$B\subset I$，$A\cap B=\phi$。规则 $A\rightarrow B$ 在事务集 D 中成立，且具有支持度 s（support），即 D 中包含 $A\cup B$ 的事务数占数据库事务总个数的百分比，记作概率 $s=P(A\cup B)$；具有置信度 c（confidence），即 D 中满足若包含 A 就包含 B 条件的事务数占数据库事务总个数的百分比，记作条件概率 c=P（B ｜ A）。具体描述就是：

support（A → B）=P（A ∪ B），confidence（A → B）=P（B ｜ A）。

支持度和置信度是描述关联规则的两个重要概念，总是伴随着关联规则存在的，它们是对关联规则的必要的补充。其中，支持度揭示了 A 与 B 同时出现的概率，用于衡量关联规则在整个数据集中的统计重要性；置信度则揭示了 A 出现时，B 是否也会出现或有多大概率出现，用于衡量关联规则的可信度。在一个具体的数据挖掘任务中，支持度和置信度的阈值是根据挖掘需要而人为设定的。同时满足最小支持度阈值和最小置信度阈值的关联规则称为强关联规则，否则为弱关联规则。通常，用户感兴趣的、对支持决策有意义的往往是两者值均较高的关联规则。

数据项的集合称为项集，包含 k 个数据项的项集称为 k- 项集。一个项集 X 的出现频率就是整个事务数据库 D 中包含项集 X 的事务数，简称为项集 X 的频率。若项集 X 的频率大于或等于最小支持度阈值与事务数据库 D 中事务总数的乘积，则称项集 X 满足最小支持度阈值，为频繁项集（或大项目集），否则称 X 为非频繁项目集（或小项目集）。

关联规则挖掘过程分为两个阶段：第一阶段是从事务数据库中根据最小支持度找出所有的频繁项集；第二阶段是利用频繁项集，满足最小置信度产生所需要的强关联规则。由于第二阶段的求解比较容易直观，所以迅速高效地挖掘出所有频繁项集是关联规则挖掘的核心问题，占整个过程的大部分，同时也是衡量关联规则挖掘算法的标准。

常用的关联规则的数据挖掘方法如下。

（1）基于候选模式生成与测试（candidategenerationandtest）的方法

Apriori 算法由 Agrawal 等提出，首先确立了支持度 - 置信度框架，它的基本方法是通过迭代生成所有长度的频繁模式集。

（2）基于模式增长（patterngrowth）的方法

由于基于候选模式的算法会产生大量的候选模式集，并且需要对数据库频繁进行扫描，导致了在数据集稠密或支持度阈值较低时算法性能的下降。因此，JiaweiHan 等人提出了基于模式增长（frequent patterng rowth）的 FP-Growth 算法。该算法引入了扩展的前缀树结构（frequentpatternstree）来保存数据集信息。构建 FP-tree 只需扫描数据集两次，并且每一条根到叶的路径中节点的频繁程度递减，使得树结构更加紧凑，且有利于模式生成算法中对 FP-Tree 的拆分。例如，如果 “abcdef” 是频繁集，当且仅当 “abcde” 是频繁集，且 “f” 在包含 “abcde” 的事务中是频繁的。

（3）深度优先算法

Eclat 算法是一种深度优先算法，采用垂直数据（从对原有数据进行倒排）表示形式，在概念格理论的基础上，利用基于前缀的等价关系，将搜索空间（概念格）划分为较小的子空间（子概念格）。

（4）灰色关联法

分析和确定各因素之间的影响程度，或是若干个子因素（子序列）对主因素（母序列）的贡献度而进行的一种分析方法。

二、Apriori 算法

Apriori 算法是经典的频繁项目集生成算法，在数据挖掘中具有里程碑的作用。但是，随着研究和应用的不断深入和推广，它的缺点也逐渐暴露出来，其瓶颈主要有以下两点。

（1）产生庞大的候选集

算法在执行的时候，由于频繁地扫描数据库，同时生成候选集合，这将导致系统在运行算法的时候会产生很庞大的候选集合。而这些候选集合一般存储在内存中，进而导致整个算法耗费巨大的内存。特别是在金融管理系统中，通常要通过算法对上千万条数据信息进行扫描和处理，这将极大地加大算法的内存占用空间，增加服务器负载。

（2）多次扫描事务数据库

对每次 k 循环，候选集 Ck 中的每个元素都必须通过扫描数据库一次来验证其是否加入 Lk。假如一个频繁大项集包含 10 个项，那么就至少需要扫描事务数据库 10 遍，而对于金融系统这样的大型数据分析，设置的频繁大项集合通常包含项数较多，这样就很容易导致算法性能下降，而影响整个系统数据分析。

基于 Apriori 算法的瓶颈问题，目前主要的改进方法如下。

（1）基于数据分割（partition）的方法

基本原理是：在一个划分中的支持度小于最小支持度的 k- 项集不可能是全局频繁的。

（2）基于散列（hash）的方法

基本原理是：在一个 Hash 桶内支持度小于最小支持度的 k- 项集不

可能是全局频繁的。

（3）基于采样（sampling）的方法

基本原理是：通过采样技术，评估被采样的子集，并依次来估计 k-项集的全局频度。

（4）其他

如动态删除没有用的事务，不包含任何 Lk 的事务对未来的扫描结果不会产生影响，因而可以删除。

第二节 水政执法数据挖掘问题分析

一、水政执法数据挖掘的问题定义

水政监察管理系统每天要接收和存储大量的数据，这些数据目前基本上只应用于业务应用和简单的关联查询、统计分析。随着水政执法数据不断被收集和存储起来，挖掘出隐含在这些数据背后有价值的规律，将具有越来越高的准确度和客观性，为水政执法部门制定重要决策，有效预防和打击水政违法事件，合理部署水政执法工作，提供宏观决策依据。

本书分析的数据来源于水政监察管理系统数据库。该系统积累了大量水政执法的详细资料，如案件名称、违法人基本情况（姓名、性别、籍贯、出生日期、民族、职业、文化程度等）、主要案情（时间、地点、起因、经过、结果）、处理及执行情况、主要法律依据、办案单位、经办人、负责人、案例填报人及联系电话、填报日期等众多信息。

在这些信息中，必然存在着直接或间接的规律和联系，如不同时间、不同地点发生的各种水事违法案件之间可能会存在的联系；清晨、午夜时间可能发生盗窃设备的水工程案较多，春季是建设高峰期，违法涉河建房、渠道取土的案件多发于此季节等；发案地点和案件类别之间可能存在着联系，靠近城镇、村庄的河段较容易产生水事纠纷的河道案，在采砂活动的禁采区可能发生的非法采砂案较多；治安工作不力、人口来源复杂的地区发生各种水事违法案件的频率较高等。此外，违法人员的年龄、职业和文化程度等与案件类型也可能存在着某种潜在的关联。

水政监察管理数据库中的数据皆为模拟数据，其中案件类型中的首位数值分别对应经常发生的案件类型（河道案、水工程案、水资源案、水土保持案和其他案件），发案地点中的A1、A2、A3、A4分别对应水政监察总队所管辖的4个地区。由于其属性值不固定，案件特点、起因、结果等数据项关联分析非常困难，目前暂不考虑。综合分析执法数据的特点，决定针对违法人员的年龄、职业和文化程度等特征与案件类型的关联，以及案件类型与发案时间、发案地点之间的关联两个主题进行关联分析。

针对关联规则的挖掘工作，以下这些关键环节是必须要解决的。

①水政监察数据库中事务数量巨大，积累的水政执法数据信息较多，给数据的预处理和挖掘工作带来很大的困难。

②出生日期、发案时间等数据项不是名词属性，不便进行关联分析。

③由于案情发生时往往伴随多种案件类型或多个发案地点等，案件类型、发案地点可能出现多值。如在触犯河道案的同时可能也涉及到了水工程案等，水土保持案中的非法采砂可能同时在几个区域发生。

④不同的属性值具有不同的重要性，如案件中的直接经济损失，5万元以上重大经济损失的水事违法案件的重要和危害程度明显要高于其他案件，但发生概率在大多数情况下要低于一般案件，所以关联分析要体现重要属性的发生规律。

二、关联挖掘问题的解决方案

①由于水政事务数量繁多，违法案件发生频率较高，随着时间的推移，水政监察管理系统数据库中累计了大量的数据。在数据准备阶段，按照时间间隔对数据库进行分块，如以3年为界，分析各块，有利于案情统计对比，总结经验。

②出生日期、发案时间等如年、月、日格式存储的信息，其属性值是连续的。可在数据准备阶段先将数值属性做离散化处理，而后再重新编码。如将发案时间采用等区间装箱的方法，将一天分为6：00～12：00、12：00～18：00、18：00～00：00、00：00～6：00时段，将案发时间的属性离散化为上午、下午、夜间、深夜4个值。

③针对案件类型、发案地点的多值现象，在数据准备阶段采用等价拆分的方法，将数据库中数据加以转换处理。如对于案件类型多值，将其案件信息拆分成多件同一时间、同一地点、不同案件类型的案件，以便挖掘分析。

④针对那些造成直接经济损失重大、社会危害程度严重但出现频率较少的案件，为了不将其忽略，在关联规则挖掘阶段引入权值参数。通过不同的权值，来衡量案件所造成各种直接经济损失的重要性，从而挖掘出重大经济损失案件的发生规律。

从上述解决方案中看出，在数据预处理阶段加以改造，在关联挖掘阶段引入权值参数进行挖掘分析。

三、数据挖掘工具的选择

数据挖掘是一个反复探索的过程，只有将数据挖掘工具提供的技术和实施经验，与企业的业务逻辑和需求紧密结合起来，并在实施过程中不断地磨合，才能取得好的效果。选择合适的数据挖掘工具，是系统开发的基础，需要从以下几个方面进行考虑。

①可产生的模式的数量，即是否可以完成各种数据挖掘的任务，为挖掘中每个步骤提供相应的功能集。

②解决复杂问题的能力，也是挖掘工具的可伸缩性。处理的数据量越大，数据类型越多，效率越高，结果越有效，可伸缩性越强。

③易操作性，好的数据挖掘工具应该为用户提供舒适友好、容易操作的界面。

④可视化，包括源数据、挖掘模型、挖掘过程和挖掘结果的可视化。挖掘工具的可视化影响到数据挖掘系统的使用和解释能力。

⑤与其他产品的结合能力。好的数据挖掘工具应尽可能地与其他工具进行集成，连接更多的数据资源。

结合本系统的业务逻辑和需求，考虑以上因素，选用 SPSS Clementine 作为数据挖掘工具。

第三节　Apriori 改进算法在水政执法中的应用

一、数据预处理

为挖掘提供高质量的输入数据，对整个数据挖掘过程相当重要，是保证数据挖掘成功的前提条件。

（1）数据选取

在水政监察管理数据库中存储的数据信息，并不是所有的属性都可以进行数据挖掘，必须根据实际需要，从其中挑选出科学的、安全的、适用于数据挖掘应用的数据。例如姓名、籍贯、案件处理过程等信息，对于数据挖掘来说并没有丝毫价值，所以要先删除无关的属性。同时，把可以参与数据挖掘的信息保留下来，如案发时间、地点、违法人员职业、受教育程度等，将之归纳、整理，变成利于使用和研究的数据。

此外，由于水政事务数量繁多，以 3 年为界将数据库中的数据分块，提取最近 3 年的数据块中相关数据信息，建立新的数据表用于数据分析处理。水事违法案件信息表和违法人员信息表，部分样本数据见表 7- 1、表 7- 2。

表 7–1　违法人员信息表（sswfry）

typeID （案件类型）	birth （出生日期）	profession （职业）	degree （文化程度）
16	1973-07-02	10	30
22	1968-09-04	22	25
14	1986-11-11	21	35
34	1977-12-13	34	40
21	1964-03-30	24	15
15	1957-11-22	33	10
32	1955-08-22	10	30

表 7–2　水事违法案件信息表（sswfaj）

typeID （案件类型）	Time （发案时间）	Address （发案地点）	Directloss （经济损失）
16	2009-07-02 15:45	A1	6000
23	2008-09-04 03:25	A2	12400
14	2009-11-11 04:41	A3	86800
33	2010-12-13 22:16	A1	3160
21	2010-03-30 11:34	A3	10180
16	2010-11-22 09:36	A4	1300
42	2008-09-13 23:36	A4	500
32	2010-08-04 04:26	A1	22600

（2）数据预处理和转换

由于水政执法数据在记录收集的过程中，并不是所有的属性值都是完整的，可能某些属性存在空缺值，那就属于不合格的数据，这会对水政执法数据挖掘造成很大的影响，需要进行数据清洗，补充其缺失数据。例如，违法人员信息表中某条记录“birth”属性值为空，取该人员信息中“AnIDcard”身份证号属性值，用身份证上的出生年月信息，以弥补“birth”的缺失。对于那些无法补缺的、含有空缺值或存在错误内容的记录，则直接删除、不用。

数据清洗后，将数据转换，以构成一个适合数据挖掘的描述形式。

大部分的水政执法数据都是具体的数值，如 directloss（经济损失）、typeID（案件类型）等，对于挖掘过程来说工作量过大，需要对数值型属性进行泛化处理、属性离散化处理等。具体的实现主要有以下几方面。

①案件类型：水事违法案件类型为字典项，由于分类过细，有几十种类型。对该项进行泛化处理，取其 5 大类，即划分河道案、水工程案、水资源案、水土保持案和其他类案件。

②出生日期：首先，将出生日期转化为年龄；接着，把年龄泛化为未成年、青年、中年、老年 4 个阶段。

③职业：职业也为字典项，同样的分类过细，故将其简单泛化为无业、事业、企业、个体 4 大类。

④文化程度：将文化程度泛化处理，划分为 4 大类，即小学及以下、初中、高职中专、大学专科以上。

⑤案发时间：将数据库中“time”作离散化处理，采用“等区间装箱”的方法将一天划分为 4 个时间段，即上午、下午、夜间、深夜。

⑥发案地点：发案地点中的 A1、A2、A3、A4 分别对应水政监察总队所管辖的 4 个地区。

⑦经济损失：将经济损失泛化处理，划分为 4 大类，即一般、较大、严重、重大。

二、数据挖掘过程

挖掘水事违法案件中的关联规则，根据案件数据的特点，针对算法缺陷和数据库中数据的重要性，对 Apriori 算法稍作改进，进行数据关联分析，其实现流程如图 7-3 所示。

数据的分析过程采用 SPSSClementine 数据挖掘工具，分析违法人员的年龄、职业、文化程度与案件类型的关联关系，以及案件类型与案发时间、地点的关联关系。关联规则的发现及分析过程如下。

（1）水事违法案件分析

①首先创建 ODBC 数据库连接，在 ODBC 数据源管理器中添加用户 DSN“sswfaj”。

②然后在 SPSSClementine 定义数据源，将一个 DataBase 源组件加入到数据流设计区，把 DataBase 节点作为数据读入节点，双击组件，设置数据源为数据表 sswfry。

③接着把 FileOPS 栏中的 Type 组件拖入到数据流设计区，跟数据源组件 DataBase 连接在一起。配置 Type 组件，将水事违法人员信息的 typeID、time、address、directloss 字段的 DireCtion 设为 Both，即同时读入字段类型和字段取值。

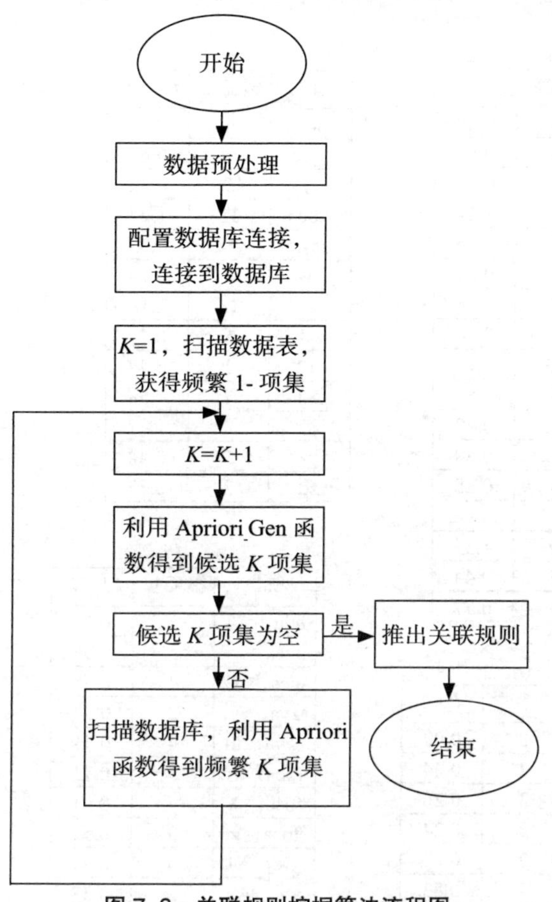

图 7–3　关联规则挖掘算法流程图

④在模型中选择 Apriori 组件，将其加入数据流中，生成 Apriori 关联分析数据流。设置最小支持度为 3%，使用加权支持度计算函数 f（x）=λx*support（x）/｜D｜。设定发案时间的权值 λ 均为 3，发案地点的权值 λ 均为 3，案件类型的权值 λ 均为 3。由于经济损失的严重程度、影响程度各不相同，所以设定 λyb（一般）=3，λjd（较大）=3，λyz（严重）=3，ZD 为重大经济损失，其社会危害程度最高，设定 λzd（重大）=6，整个连接与剪枝过程如图 7-4 所示。

C_1

项集	覆盖量	$f(x)$
hda	6	0.48
sgca	9	0.65
szya	5	0.32
stbca	11	1.24
qtaj	4	0.26
sy	5	0.33
sw	3	0.16
xw	8	0.74
yj	13	2.16
A1	6	0.53
A2	3	0.47
A3	7	0.58
A4	3	0.28
yb	4	0.26
jd	9	1.37
yz	5	0.44
zd	3	0.37

L_1

项集	覆盖量	$f(x)$
hda	6	0.48
sgca	9	0.65
szya	5	0.32
stbca	11	1.24
sy	5	0.33
xw	8	0.74
yj	13	2.16
A1	6	0.53
A2	3	0.47
A3	7	0.58
jd	9	1.37
yz	5	0.44
zd	3	0.37

C_2

项集	覆盖量	$f(x)$
hda，sy	0	0.00
hda，xw	2	0.24
hda，yj	3	0.26
hda，A1	2	0.24
hda，A2	2	0.24
hda，A3	7	0.83
hda，jd	1	0.13
hda，yz	0	0.00
hda，zd	1	0.13
sgca，sy	0	0.00
…	…	…

L_2

项集	覆盖量	$f(x)$
hda，A3	7	0.83
sgca，yj	5	0.65
sgca，A2	4	0.58
szya，A1	3	0.34
szya，jd	4	0.41
stbca，xw	5	0.71
stbca，A1	7	0.91
stbca，zd	3	0.52
xw，A1	4	0.41
xw，A2	3	0.38
yj，A2	3	0.37
yj，jd	5	0.68
A1，zd	4	0.44
A3，jd	5	0.63

C_3

项集	覆盖量	$f(x)$
sgca，yj，A2	2	0.21
stbca，xw，A1	5	0.54
stbca，A1，A1	7	0.36

L_3

项集	覆盖量	$f(x)$
stbca，xw，A1	5	0.54
stbca，A1，A1	7	0.36

C_4

项集	覆盖量	$f(x)$
stbca，xw，A1，zd	2	0.27

图 7–4　连接与剪枝

可以看出，C4=｛stbca，xw，A1，zd｝的支持度为 0.27，比预先设定的最小支持度 3% 要小，不再是频繁集。L4=Φ，算法终止。经过 4 次剪枝得到了频繁项集 L2、L3，根据这些项集可以产生 56 条潜在规则。

⑤取最小置信度为 70%，潜在关联规则中的有效规则见表 7-3。

表 7–3　水事违法案件数据分析结果

数据项	支持度	置信度
stbca，xw → A1	5.4%	83%
stbca，A1 → zd	3.6%	74%
hda → A3	8.3%	75%
szya → A1	3.4%	86%

（2）水事违法人员分析

其数据分析中的设置过程与违法案件相类似，这里不再阐述。最后设置最小支持度为 5%，最小置信度为 80%，执行相关运算。共分析出 24 条潜在规则，经判定，其中有效规则见表 7-4。

表 7–4　水事违法人员数据分析结果

数据项	支持度	置信度
hda → zn，qncz	5.7%	88%
stbca → ln，xx	5.1%	85%
sgca → qn，cz	5.7%	89%
sgca → qn，wy	5.8%	91%

三、评价与结论

Hda → A3 说明河道案通常发生在 A3 地区；而 stbca，xw → A1 则说明在 12：00 ~ 18：00 时间段内，发生的水土保持案较多出现在 A1 地区；szya → A1 同样说明水资源案一般发生在 A1 地区；stbca，A1 → zd 说明 A1 地区发生的水土保持案大多造成重大的经济损失，危害程度严重；sgca → qn，wy 显示在水工程案中违法人员的年龄较年轻并且没有工作；

stbca → ln，xx 表明在水土保持案中违法人员年龄偏老且文化素质普遍偏低，大多小学程度及以下。

通过这些关联规则可以表明，水事违法案件虽然类型多、情况复杂，但是违法人员结构极其类似，年龄趋于两极化，青年和老年居多，而且文化素质低，特别是无业人员在违法人员中所占比重较大。水土保持案和水资源案较多发生在 A1 地区，且较多的水土保持案造成重大经济损失等。

此外，由于加入了权值参数，让本不满足最小支持度的重大经济损失案件（zd），在第一次剪枝时没有被丢弃，保留下来，加入了频繁项集，从而获得了涉及重大经济损失的关联规则，体现出造成重大经济损失案件的发生规律。

针对获得的关联规则，水政部门就可以快速有效地展开相关防范和处理工作，如在 A1 地区增加水政监察队伍人员的部署，加强特定时间段的巡查工作，并加大监督力度，努力将各类水事违法行为消除在萌芽状态。同时深入开展法制宣传教育，增强对广大无业青年的水法规意识教育，扩大普法宣传教育面，树立起水政部门的法律权威。

参考文献

[1] 安立华 . 数据库与数据挖掘 [M]. 地址中国财富出版社， 2019.07.

[2] 闭应洲，许桂秋 . 数据挖掘与机器学习 [M]. 杭州：浙江科学技术出版社， 2020.01.

[3] 陈潇潇 . 基于数据挖掘的水政监察管理系统设计 [M]. 上海：复旦大学出版社， 2020.11.

[4] 丁兆云，周鋆，杜振国 . 数据挖掘 原理与应用 [M]. 北京：机械工业出版社， 2022.01.

[5] 董红斌，贺志 . 协同演化算法及其在数据挖掘中的应用 [M]. 北京：中国水利水电出版社， 2008.07.

[6] 葛东旭 . 数据挖掘原理与应用 [M]. 北京：机械工业出版社，2020.04.

[7] 葛东旭 . Python 数据分析与数据挖掘 [M]. 北京：机械工业出版社，2022.05.

[8] 郭有 . 大数据时代下的临床科研数据挖掘 [M]. 南昌：江西科学技术出版社， 2022.10.

[9] 蒋瀚洋 . 大数据挖掘技术及分析 [M]. 北京：北京工业大学出版社，2021.10.

[10] 李姣．医学数据挖掘与 R 语言实现 [M]. 北京：中国协和医科大学出版社，2022.09.

[11] 刘鹏，高中强，王一凡，杨语蒙，夏春蒙等．Python 金融数据挖掘与分析实战 [M]. 北京：机械工业出版社，2022.01.

[12] 刘平山，黄宏军，黄福，张海涛．商务智能与数据挖掘 [M]. 上海：上海交通大学出版社，2022.12.

[13] 刘燕．大数据分析与数据挖掘技术研究 [M]. 北京：中国原子能出版社，2021.05.

[14] 王哲，张良均，李国辉，卢军，梁晓阳．Hadoop 与大数据挖掘 第 2 版 [M]. 北京：机械工业出版社，2022.07.

[15] 谢海娟，王雷．数据挖掘与数据分析 财会专业适用 [M]. 上海：上海交通大学出版社，2023.

[16] 吁超华．量子数据挖掘算法 [M]. 合肥：中国科学技术大学出版社，2023.01.

[17] 由育阳．数据挖掘技术与应用 [M]. 北京：北京理工大学出版社，2021.06.

[18] 张文宇，贾嵘．数据挖掘与粗糙集方法 [M]. 西安：西安电子科技大学出版社，2007.10.

[19] 朱明．数据挖掘 [M]. 合肥：中国科学技术大学出版社，2002.05.